日本造園大師才懂的

好房子景觀設計85法則

暢銷好評版

荻野壽也 著
桑田德 譯
TOSHIYA OGINO

荻野寿也の
「美しい住まいの緑」
85のレシピ

原點

前言

這是一本特別針對所有有意購置新居、以及從事住屋設計的人們所寫的書，也是一本筆者自我期許、希望能讓每一位讀者重新思考庭院設計而寫的參考書。正如「家庭」一詞，「家」、「庭」二字緊緊相連，為住屋打造庭院，不僅能讓家人近距離地享受大自然，更可以為家人和朋友們創造永恆美好的記憶。

我希望所有的屋主在構思新屋時，都能把建築、外觀和庭園的設計一併納入考量，同時也期待讀者們讀過此書後能明白，庭園設計絕非砸幾個錢、請人種幾棵樹那樣簡單，而是必須經過一段相當細心的規畫。比如，先觀察四周的環境、看看鄰居的院子、前方公園的樹木、遠方山巒的稜線，乃至於街道邊的行道樹之後，再發揮十足的想像力：要是能在住屋的四周增添幾許綠意*「那該有多好！」然後才進一步構思，該如何把綠意由窗口導入室內，如何在門前安排一塊花圃，種下內外呼應的植栽種類，營造賞心悅目的環境景致。這才稱得上是庭園設計、庭園造景。

那麼，該如何著手規畫庭院呢？不妨先思考一下：如何才能把日常活動的內部空間和屬於公共區域的外部空間連結起來？從這個問題開始，從整體的角度將建築的基地和週邊的環境一塊列為規畫的範圍，經過一番詳盡的計劃之後，才好開始為庭園添入各類宜人的色彩與元素，挑戰個人的生活品味，完成一段人與自然的精彩演出。

這本書，等於是我向讀者發出的邀請，讓我們暫且放下所有庭園造景的形式和理論，一同來思考，如何把一幢舒適的住宅和一方美麗的庭園融為一體，形成真正美好的建築，美好的家。

荻野壽也

*本書所謂的「綠意」係「花草樹木」的統稱。

譯註：

1 由於本書特殊的樹木分類法明顯有別於一般通用的喬木、灌木的分類，故翻譯時，保留了原書中的高木、中木和低木。高於三公尺者是為「高木」，一・五~三公尺者是為「中木」，「低木」則特指低於一・五公尺的木本植物。

2 書中提及的「土間」係採用日本傳統的建築工法，以夯土鋪設而成的空間，大多用於玄關與廚房。土間的地面即夯土地，請參照八十五頁下方照片，照片中陽台的地面即為夯土地，亦即土間內的地板鋪面。

目次

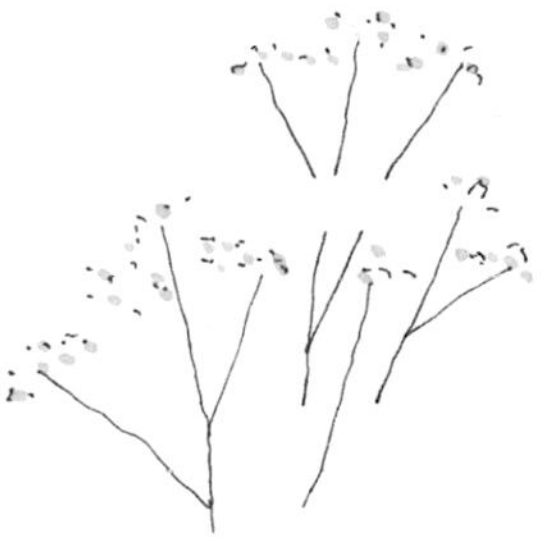

1 讓住屋更美的造園基本原則

01 將住宅「置入」樹林中 008
02 描繪土地的自然原貌 010
03 植栽計畫從看立面圖開始 014
04 把樹種在屋邊 016
05 住屋作為庭園的「花器」 018
06 不多不少、恰到好處的綠量 020
07 藉由組合不同高度的樹木製造立體感 021
08 像插花一樣先決定庭園的重心 022
09 挑選能夠傳達生命力的樹形 023
10 透過外庭來分享綠意 024
11 增添些許綠意，改變巷弄的表情 026
12 外庭的長椅即是休憩之地 027
13 從對講機走到玄關的距離 028
14 不動聲色地在細縫間導入綠意 029
15 現代感十足的混凝土門廊 029
16 為門廊妝點色彩 030
17 收納座車的優雅車庫 032
18 在庭院中置入停車場 033
19 迴車道的新思維 036
20 住屋基本的外部配置設計 040
21 推薦綠色圍籬 042
22 水土保持，石組優於擋土牆 043

2 讓居住者充分享用綠意的住屋設計手法

23 重要的是，讓視野淨空 046
24 先確立庭園空間，才開始設計住屋 047
25 建立植物與住屋的好關係 048
26 鄰居的窗口和常綠樹 049
27 配管計畫與庭園規畫同步進行 049
28 四處點綴著綠的饗宴 050
29 植栽的高度，為二樓窗外提供綠意與花景 052

30 容易規畫又容易照顧的北庭 053
31 縮小建物，豐富綠意 054
32 賞綠空間 058
33 為每日使用的廚房提供美景 060
34 讓客廳的座椅朝向庭園 061
35 讓人早晨醒來心情清爽的臥室 062
36 充實沐浴時間的小庭園 063
37 「接風」，創造出氣流的通道 064
38 照映在障子窗上的樹蔭 065
39 以大小數個庭園圍繞生活空間 066
40 不影響內外連結的窗口設計 068
41 從不同高度都能欣賞的庭園景致 070
42 中庭為主軸，每一個房間都能看見庭園 072

3 享受庭園時光的戶外客廳

43 將庭園視為室內格局的延伸 076
44 在平台上全心招待客人 078
45 木棧平台的材質 079
46 使用RC地基讓植物更靠近 079
47 小面積也能設置庭間 080
48 缺乏美景的時候 081
49 稍微偏移平台 082
50 戶外用餐時的建議 083
51 都會區也可施行的屋頂菜園方案 084
52 陽台上的餐廳 086
53 在街區和家之間營造一塊緩衝的空間 088
54 讓樹幹看起來更美的欄杆 091

4 規畫庭園的13個訣竅與細節

55 草坪的魅力 094
56 配合窗外景致挑選家具 096
57 把庭院作成藝術品 097
58 漂亮好看的景觀窗 098
59 關於景石 099
60 插入植栽的美麗花器 100
61 把碎石當河床 102
62 增添五感共鳴的綠意 102
63 水的療癒性 103
64 新鮮氧氣來自綠意 103
65 夜晚也能享受庭園景致的照明設計 104

66 讓室內也能宛如在森林之中 108
67 為庭園增添彩意的花朵 110

5 庭園的設計、照料與維護

68 混植庭園與樹種選配 118
69 樹農與挑選植材 119
70 用草類植物帶出熟成感 120
71 留意根球的大小，以預留空間 122
72 改良土壤，讓植栽健康生長 122
73 不破壞景觀的地下支架 123
74 庭園設計的經費 124
75 居住者、鄰居、建築師、工程人員共同參與的造園工程 124
76 修剪就是保養、維護 126
77 給水的技巧 128
78 草類的維護 130
79 苔蘚類的維護 131
80 落葉的掃除 131
81 害蟲與疾病的處置 132
82 雜草的處置 133
83 修剪讓植栽更臻完美 134
84 疏剪的具體方法 136
85 草坪的保養與維護 138

卷末 住屋造園植物圖鑑140

143

編輯支援　荻野壽也景觀設計／荻野建材

全書設計　川島卓也（川島事務所）
製作支援　金田麥子／長谷川智大

攝影　西川公朗　p.8-17／p.32第三張／p.46／p.64上／p.65／p.81／p.88-91
池田理寬　p.20中下、下
杉野　圭　p.22／p.29上／p.32第二張／p.50-51／p.59／p.62／p.83／p.97-98／p.100
上田　宏　p.23／p.30-31／p.62／p.109／p.111
小川重雄　p.25／p.61／p.72-73
鳥村鋼一　p.28／p.60
Stirling Elmendorf　p.33上
塚本浩史　p.33下／p.44／p.77左下／p.78／p.79上／p.102／p.138／p.141
石井紀久　p.36-37上右／p.92
安田慎一　p.43／p.66-69
岡村享則　p.54／p.56-58
目黑伸宣　p.55
井上　玄　p.32第四張
大槻　茂　p.63
矢野紀行　p.70-71
垂水孔士　p.82／p.84下
渡邊慎一　p.84上／p.85
表　恒匡　p.101
Nacasa & Partners　p.53／p.112-116

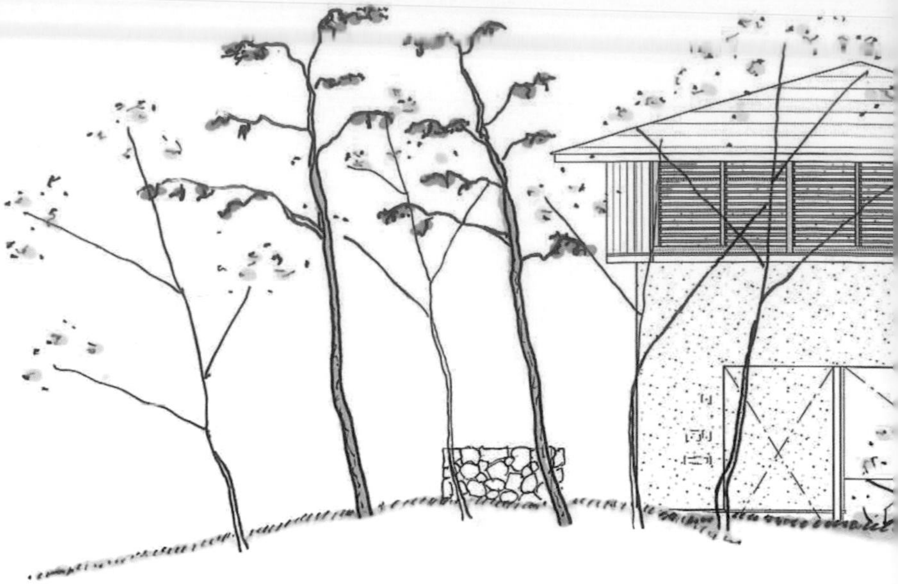

01-22

RECIPES
OF
TOSHIYA OGINO

1

讓住屋更美的造園基本原則

植物能讓住屋看起來更美。完成度再高的住宅空間，也會因為是否帶有綠意而給人截然不同的印象。讓我們利用這85個造園法則，從為住屋增添綠意的基本原則和思考方式開始講起吧。

放置在窗邊，可以直接享受戶外美景的沙發床。穿過赤松和櫻樹的枝葉，能清楚望見遠處的琵琶湖。

01.

將住宅「置入」樹林中

大家耳熟能詳的知名建築，其實無一不和綠意存在著密不可分的關係。好比說密斯・凡德羅（Ludwig Mies van der Rohe）的法爾斯沃斯住宅、菲力普・強生（Philip Cortelyou Johnson）的自家宅邸，在日本也有由建築設計師吉村順三所設計、位在輕井澤的吉村山莊，這些都是四周圍繞著樹木，彷彿建在樹林子裡一般的宅邸。其中又以我最愛的吉村山莊最值得一提，不僅因為它那靜靜座落在大自然中的優雅姿態，更因為它那與樹木僅有咫尺之隔的居住空間，創造出誠如吉村順三曾經說過，「我嚮往能夠像鳥兒一樣住在樹林裡」那樣的生活意象——隨意打開一扇正對著樹林、向外凸出的二樓客廳的窗戶，伸手就能摸到林子裡青翠繁茂的樹木，感覺自己浮在綠意之中。那真是一幢從裡到外與自然融為一體的完美設計。

儘管身為一介造園師，工作是人工造景，但我卻始終認為，人與自然最完美的狀態並不是把大自然佔為己有，而是將自己置身於嚴苛的自然界中與之和平共處。很多時候，我寧可保留基地上經年累月、自然天成的地形地貌，不擅加改變、或刻意再做修飾，因為人工造景畢竟不如自然的風景，與其動腦去設計改裝，不如設法將住屋形塑成一片自然飄落，靜靜地躺在大自然泥地中的紅葉。

也因此，我的基本設計理念是，「把住宅放在樹林中」。所有我親手設計的造園工程，住屋四周永遠少不了幾株高過屋頂的大樹。遠遠望去，就會自然生起一種被樹林環繞、保護著的寧靜與安逸。

除了基本設計理念之外，我還會思考該把大樹放在哪一個位置，以及該選擇多高的樹種。經過這樣斟酌之後，往往會大幅改變住屋的表情。特別是原本建築師所刻意強調的水平線，會因為大樹的垂直線的襯托而變得更加醒目、突出。同時，因為大樹的加入，住屋的視覺體積也會縮小，能顯得醒目而又不至於誇張，突出而又不至過度招搖，形成一種人與自然的協調美。

本頁的兩張照片是由建築師伊禮智先生所設計的「琵琶湖畔之家」。在這棟建築的基地上原本就有三株樹齡約莫二十歲的老櫻樹，只因平時缺乏照顧，枝葉亂生、茂密雜亂。後來經過適度疏剪和修整後，屋主和伊禮先生才知道它們其實仍老當益壯、健康得很，因此兩人商量之後決定保留這些樹，交由我負責進行造景規畫。後來我在基地上又額外追加、多種了另一株櫻樹在住屋的窗邊，讓整座庭園更顯平衡。

另外，由於鄰家的院子是個開放式的草坪庭園，為了製造視覺上的連續性，我決定也把這家住屋的庭園設計成以草皮為主的院落。不過因為事前基地已經被整平了，於是便設置幾個高低起伏的草墩，讓屋主在觀賞庭園時，能產生山巒稜線的想像。為了盡量減少混凝土的鋪面，車輛通行或停車的位置則一律鋪設植草磚。

除此之外，因為伊禮先生原本的設計已經避開從屋內和庭園內看到基地外的行車，因此儘管住屋座落在住宅區的街道邊，仍能舊保有身處自然的靜謐與舒適。

從北側街道看見的「琵琶湖畔的家」。正面就是基地原有的老櫻樹，樹下搭配著高低的草墩，讓整座庭園更具起伏動態。

02.

描繪土地的自然原貌

顧名思義，「琵琶湖畔之家」座落的位置就在琵琶湖邊，照理說從基地就可以望見湖景。同時，過去為了湖邊防風而栽種的松樹林綿延不斷，是景色優美的絕佳環境。可惜基地前方有片缺乏照顧的赤松，枝葉亂生、密不見天，林邊甚至生出了野竹，凌亂不堪，以致於完全遮蔽了從基地觀賞湖景的視線。

幾經尋訪當地自治會的人後才知道，這一帶因為經年吹著強烈北風，湖邊已然成為風浪板愛好者的朝聖地，重要的是，這片松樹林充分發揮了防風的功能，保護著湖濱的農地和住家。因此地方人士為了保護這片樹下長滿了單葉蔓荊和水濱山黧豆的赤松原生地，不僅私自

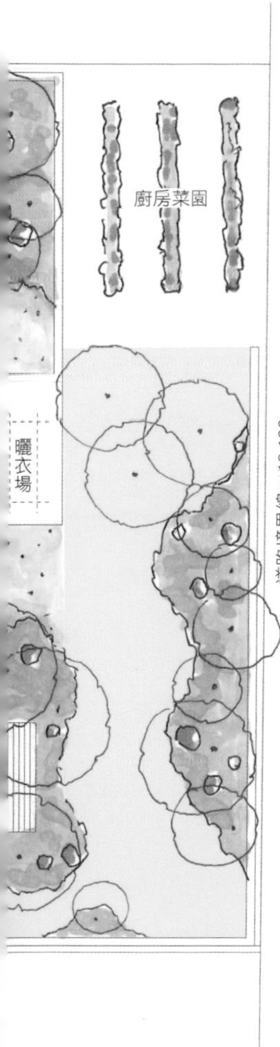

南側庭園大量栽種了藍莓、野草莓、加拿大唐棣等果實可供食用的樹種。植栽數量多達五十多株。

在湖邊育種、栽培松樹苗，甚至規定嚴禁砍伐赤松，甚至連修剪都不准許。知道了狀況後，我看著這一片湖畔美景，甚覺可惜。

後來，我試著和自治會的會長溝通，希望他能允許我在不影響防風功能的前提下，修剪基地附近松樹下方的枝葉，並且允諾在基地的庭園內種植赤松和單葉蔓荊以維持防風的作用，同時完全保留松林的景觀。很幸運的，會長同意了我的提案，這片基地也才總算重新找回了湖景視野，讓優美的湖景和松林景致與庭園能夠連成一氣。

剛完工時的「琵琶湖畔之家」。前方的櫻花方開未盛，彷彿正在適應它的新環境，逐漸融入庭園和庭園中的住屋。左側的三棵赤松是為了凸顯出庭院的景深。

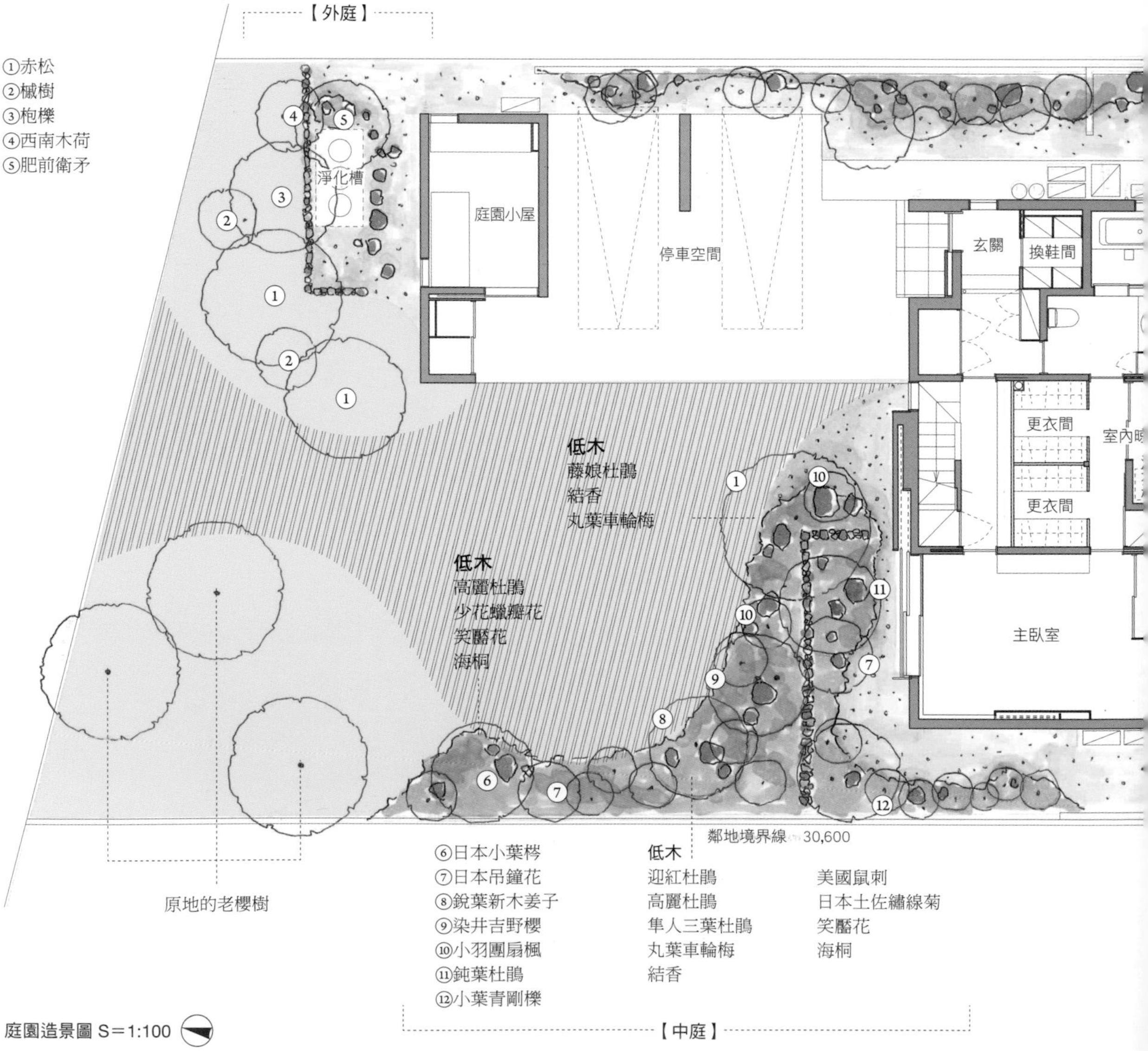

庭園造景圖 S＝1:100

◎將挖出來的石塊砌成石牆

從大阪搭乘往北陸方向的特急雷鳥號、在經過滋賀一帶時，若從車窗向外望，右手邊會是琵琶湖的湖光山色，左手邊則是用古樸石牆砌成的綿延梯田。或許正是這段留在我腦海中的記憶所致，當工地現場挖出一堆石塊時，我的直覺反應就是想用這些石塊砌出一面石牆來。可是原本伊禮先生計畫中要蓋的是一面混凝土牆，蓋好還要進行粉刷。於是，我立刻撥電話給伊禮先生提議：「可以把那面混凝土牆改成石砌牆嗎？」屋主和伊禮先生都爽快地同意了，我隨即聯絡石匠，請他們幫忙把石塊堆砌起來。

其實更早之前，伊禮先生便預計要在土屋旁邊蓋一面前庭的牆，後來是因為我覺得庭園小屋旁的化糞池上蓋比想像中更為醒目，才建議伊禮先生再增設一面牆壁，好遮住化糞池上蓋。伊禮先生接受了這個提議，當場就畫了一張圖，在外庭追加了一面矮牆。我們盡量把這面牆壁壓低到一・二公尺左右，結果讓整體外觀顯得更加沉穩。

從西側望見的基地外觀。靠近住屋旁，我先種下了一株染井吉野櫻，然後在樹下又種了幾株迎紅杜鵑。

石牆的砌法

①先清除石塊表面的污漬和泥土，以便與砂漿密合

↓

②鋪設混凝土地基

↓

③以1.5公分的間隔架設鋼筋（直徑1.3公分）

↓

④在每一層石塊的上下塗抹砂漿然後推疊

↓

⑤為了避免形式過於單調，堆疊時以大小不同的石塊交錯，製造變化

↓

⑥最頂端的石塊必須排列成水平狀

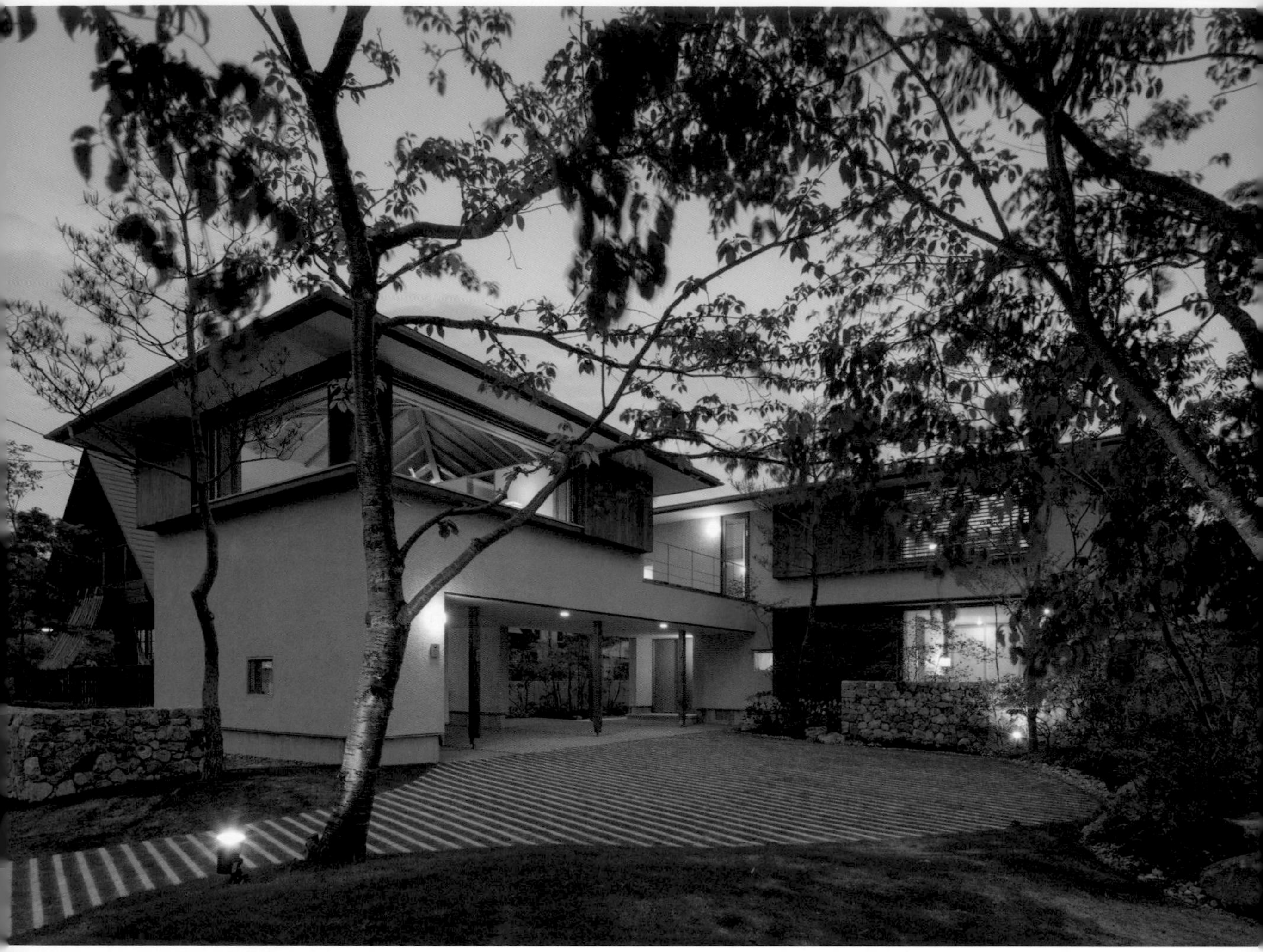

琵琶湖畔之家（滋賀）

設計：伊禮智設計室
施工：谷口工務店
基地面積：463.27m^2
建築面積：105.89m^2

融入原有的自然景觀

在日本，住宅用地開發時，建商向來習慣先把地上的植物全部清得一株不剩，然後在四周搭建整排梯狀擋土牆。蓋好了主建物之後，還會分別為每一戶安裝上一模一樣的大門，在鋪設混凝土的停車場上搭起鋁製的停車棚。感覺一點特色也沒有，看了就讓人難受。

對我而言，庭園造景相當於一段回歸自然的工程——我始終認為，這是一份還原日本本來面貌的工作。所以每一次為客戶設計庭園的時候，我總會盡可能地選配當地原生或鄰近山上可見的樹種，設法恢復工地原本的自然景觀。也正因如此，「琵琶湖畔之家」這次任務，與其說我是在設計庭園，不如說我是在設計風景。

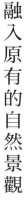

「下田之家」的西側外觀。為了讓二樓窗邊也能有綠景，因此選擇高木種在窗邊。

03.

植栽計畫從看立面圖開始

正式動工以前，我一定會先從基地開始觀察，看看四周環境需要什麼樣的庭園景觀、庭園的景觀又會帶給通過的行人怎麼樣的印象？畢竟住宅也是街景的一部分，勢必會為四周帶來某種程度的影響。規畫的結果不僅要讓屋主喜歡，也要讓街坊鄰居看了舒服。因此在擬定植栽計畫的時候，我一定會先看基地的立面圖，然後才開始思考該如何具體進行綠意美化、選配植栽，又該如何營造整體的景觀印象。

除了從街區和鄰居的角度觀察之外，住戶的角度也非常重要。所以我會透過立面圖反覆確認窗口的位置，觀察從戶外和屋內可能看到的畫面，進而評估該導入怎麼樣的綠景。而在這段評估的過程中，自然也會利用這張立面圖，決定出植栽的高度與造形，逐步達成「把住宅置入樹林中」的最終目標。

這棟同樣是由伊禮智先生所設計的「下田之家」，建在滋賀縣湖南市一處叫做「下田」的土地上。意外的，這塊基地竟然還保留了赤松的原生林，因此我決定要將這些赤松納入我的植栽計畫裡。也因為這裡的西曬嚴重，善用這些特別耐得住陽光直射的赤松，可以減輕基地午後的烈日；另外還加入了日本小葉梣和枹櫟兩種植栽。

此外，基地的位置原是一大片緩坡地，一般大多會利用擋土牆來堆高基地的水平。我決定把西側一部分擋土牆改用石塊和植栽取代，設法還原這塊土地原本的地貌。

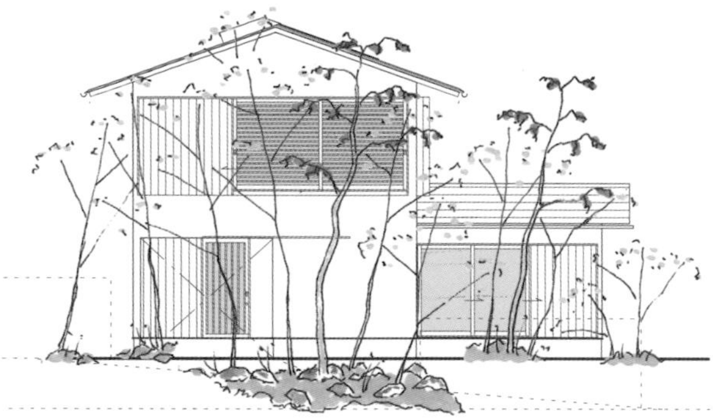

西側

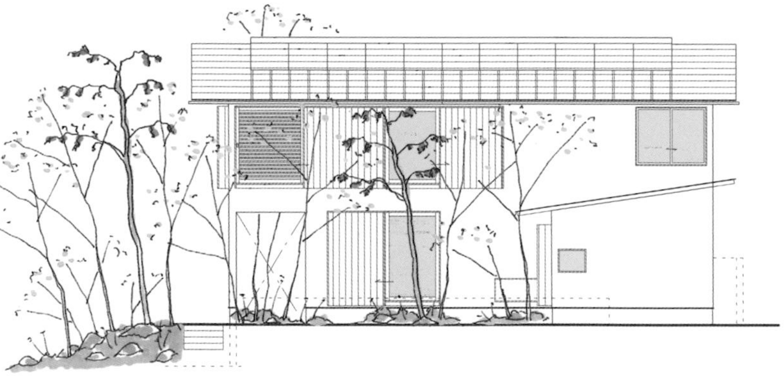

南側

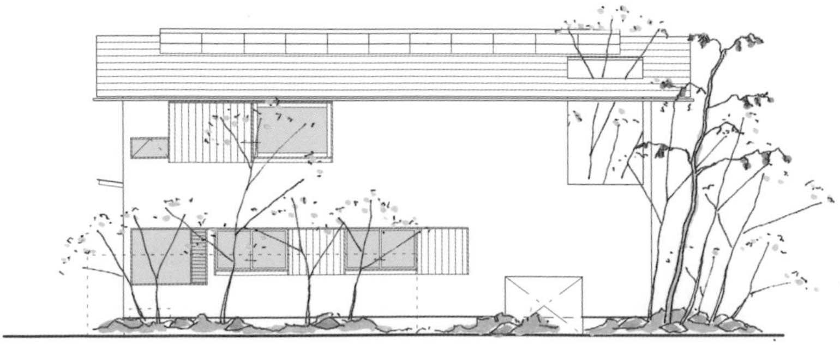

北側

下田之家（滋賀）

設計：伊禮智設計室
施工：谷口工務店
基地面積：194.90m²
建築面積：75.18m²

①羽團扇葉楓
②四照花
③赤松
④大花四照花
⑤日本小葉梣
⑥流蘇樹

S＝1：200

04.

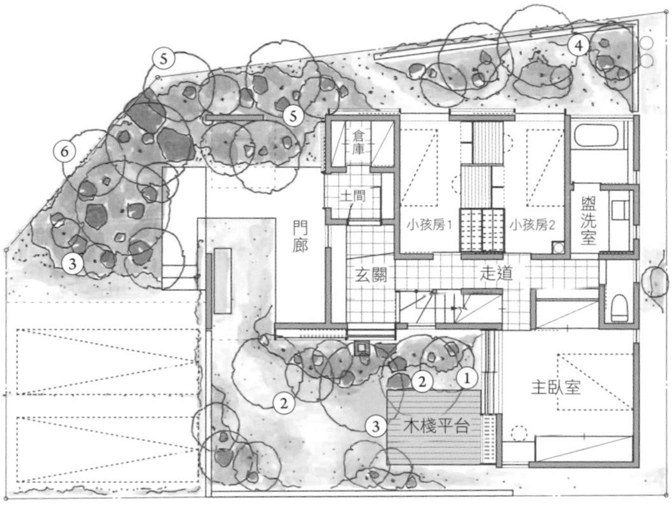

把樹種在屋邊

在庭園中種樹，首要的重點就是盡量把植栽種在住屋的旁邊，這樣樹木才更容易和住屋、庭園融為一體。尤其是住屋四周凸出或凹陷的角落，若能種下那麼一兩棵樹，會給人一種這棟屋子好像是刻意繞開樹木而建的錯覺，這其實是我最喜歡的設計手法。最理想的情況，當然是真的保留基地上的原生樹，然後配合著它設計住屋；不過只要有人問起「什麼？這是你種的？」就表示我的設計成功了（笑）。

除了融合樹、屋之外，把植栽種在住屋旁邊還另有幾個好處。如種在窗口邊，既可以遮蔽夏日的西曬，又能把戶外的涼風導入室內。要是落葉樹，入冬後只剩下樹幹和枝條，就可以讓冬日的暖陽穿照，提升住屋的舒適度。

不過，並不是所有樹都適合種在屋子旁邊。有些植栽的枝葉覆蓋可能會把住屋搞得很陰森，或者因為樹根的盤根錯節而傷害建物結構。因此在種下之後必須配合樹齡，適度調整植栽和房子之間的距離。現在的住屋地基大多屬於筏式基礎，要是地基是過去常見的連續基腳或勒腳牆，那麼就得考量到樹根可能造成建物皸裂、破損之類的風險，種植時要稍微拉遠和住屋之間的距離，同時避免選種樹根生長速度較快的植栽。

我最常選擇的日本小葉梣，正是因為它生長的速度緩慢，種在住屋旁邊比較沒有後顧之憂。若是生長速度稍快的樹種，也可以透過樹勢的調整和疏剪（參閱一三六頁），甚至修根（切除樹根的末稍，以抑制樹木生長的速度）等方式，控制植栽的生長狀態。不過無論如何，最好還是盡量避免生長速度較快的樹種。好比說櫸樹，經過二、三十年生長後，它的樹根可以從地基舉起一整棟房屋，因此四十坪左右的住屋尤其應該避免種植這類品種。關於生長速度較慢的樹種，我個人比較建議選擇具柄冬青，它也是一種原產於日本的常綠樹。

靜靜挨在屋邊
種下的
濃濃綠意

從一樓主臥室看到的窗外景致。赤松、四照花、小羽團扇葉楓緊挨著窗口，比鄰而種。

05. 住屋作為庭園的「花器」

在插花藝術中，「花器」扮演著非常重要的角色。而對造園工程來說，住屋外牆和四周圍牆就好比是插花時所用的花器。外牆和圍牆相當於庭園的背景，庭園的景觀會隨著這兩大背景而改變。設計庭園就像在完成一幅畫作，而外牆和圍牆正是這幅畫作的畫布，一面好的畫布自然更能反映出庭園植栽的美。

除了外牆和圍牆，我也特別在意植栽的位置和高度。因此打從規畫的階段開始，就會參考建築師的立面圖，透過這張立面圖來觀察、思考植栽與住屋間的平衡。譬如在住屋周圍凸出或凹陷的角落，我習慣加入高度比較高一點的樹種；若是橫幅較寬的住屋，我肯定不會把主樹安排在正中央，而會把它擺在三比七或六比四的位置。不過我們常會遇到一種狀況，就是我覺得最合適的栽種地點，可能根本找不到種樹的空間——那個地點可能正好是停車場、門廊、露

停車場和門廊之間刻意的留白，搭配著植栽，形塑出外觀整體的平衡感。並且從正面望去，高2.1公尺的RC牆和門廊上方的雨遮完全隱藏了主建物。

台、木棧平台、土間、屋簷或雨遮，很多時候確實很難隨心所欲地愛種哪裡就種哪裡。也正因如此，若能在規畫之初就先做好整體考量，就能創造出充份展現綠意之美的庭園景觀。

這一棟由積水房屋負責設計、施工的「濱松之家」，我從他們著手設計之初便參與了庭園的規畫。由於積水房屋特別要求必須確保居住者的隱私，於是我建議他們在大門口增設兩面帶有雨遮的牆壁。雨遮的寬度正好就在停車時後車廂的正上方，雨天時就可以不必撐傘，直接在雨遮下方取出後車廂中的行李。外庭隔著一道鋼筋混凝土，和中庭裡的植栽彼此呼應，既凸顯了內部的景深，也讓主建物和庭園更具立體感。

濱松之家（靜岡）

設計：積水房屋
施工：積水房屋
基地面積：426.88m^2
建築面積：130.75m^2

在大門和玄關之間設置了一條稍長的門廊，先讓訪客在走進大門之後產生豁然開朗之感，經歷一段綠的饗宴後，才步入玄關。

06.

不多不少、恰到好處的綠量

• BEFORE •

• AFTER •

樹木數量的多寡會直接影響到住屋給人的印象。我個人覺得，象徵性地單種一顆樹太過於單薄，但像傳統日式庭園那樣搞得氣派堂皇，也不適合現代的住家。

綠意的量必須恰到好處，既不多也不少，關鍵在於平衡。與其密集地栽種一大堆植物，不如讓它們彼此保持一點距離，更容易產生隨風搖曳、樹影婆娑的景致，給人帶來好心情。因此在栽種時，我習慣盡量保留一定的空隙或者刻意留白。重點是，不論從平面或立面的角度看，都要盡可能讓植栽保持著不等邊三角形的相對位置。同時也盡量避免直線和等距離並列種植。我個人認為，整齊劃一的植栽排列方式非常不適合日本的街景。

安藤工務店新建的員工宿舍，是一棟位在住宅區內的小屋，主建物擺在基地的內側，前方則保留了一大片庭園空間。我先用樹木把小屋包圍起來，再沿著門廊一路種樹種到宿舍的大門口，透過綠意引導人走向小屋。不知道讀者是否能夠感受到，這棟簡單質樸的宿舍在刻意的安排下，不僅與大自然融為一體，更形成了有著綠意豐富的住屋環境？

盡量保持不等邊三角形

安藤工務店員工宿舍（岡山）

設計：安藤工務店
施工：安藤工務店
基地面積：$235.49m^2$
建築面積：$36.5m^2$

樹木盡可能以不等邊三角形的相對位置來配置栽種，並留意樹木高度和綠量的變化。

07.

藉由組合不同高度的樹木製造立體感

由下往上
以不同的視線層次
進行植栽配置

高木
中木
低木
草類

①大柄冬青（花期五～六月）
②三葉杜鵑（花期五月中旬～六月）
③雞爪槭（花期四月中旬～五月上旬）
④山礬（花期五月）
⑤木繡球（花期五月上旬～六月中旬）

半坪大的土地也能種下五棵樹

庭園的植栽基本上是由高木、中木、低木和草類等四種視線層次所構成。高木大約是位於二樓的視線，中木則是一樓和走在平地時的視線，低木是坐下時的視線，最下方的草類則是地面的視線。只要能夠掌握這四個層次，藉由不同高度的植栽組合，即可為整座庭園製造出立體的效果。

讀者心裡也許會想，在空間有限的情況下根本不可能辦到這點，其實不然。就算只有半坪大小，一樣可以種下五棵樹——只要選擇不同葉形和花形的種類，並且錯開花期，即可整年賞花、賞葉，時時感受到大自然的變化。若能再加上一個水缽，入冬後把茶花撒在水面上，能更添詩情畫意。

若因空間有限就只種一棵樹，那麼單一的花種開完就得等明年。因此不如透過這樣的手法來創造緩慢持續的景觀變化會更顯得自然，為生活增添更多的樂趣。即使只是一方小小庭園，只要循著這樣的思路去規畫，一定能發揮出植栽的無限可能。

08.

種樹也要見好就收

由建築師田頭健司所設計的「高原之家 II」的外觀。在僅半坪的植栽空間裡，我以日本小葉梣作為主樹，再搭配四照花、楓樹、結香，用五棵樹組合而成。夏天枝葉扶疏，與冬天所見的樣貌截然不同。

像插花一樣先決定庭園的重心

建築設計一般採用的是化繁為簡的「減法」。去除不必要的線條，端具形而美其容。

而庭園造景則正好相反，採取的是一種「加法」原則，把植栽一棵一棵地加入庭園裡，就好像插花時所謂的自由式插法。不妨把庭園和住屋視為一只花器，一株一株地插進去，插到覺得「這樣子最好看」的時候便停手，就是見好就收。一邊種著花草樹木，一邊思考何時是停手的時機。

具體地說，我們會先決定主樹的位置，再逐步添加中木和低木。這和插花中所謂「體」、「用」、「留」、「添」的思維是一樣的。

位在重心位置的主樹，當然也可以選擇一株樹幹筆直的新樹，不過通常我會選擇有些分枝的成熟高木。因為向陽生長的高木特別好看，要是稍有一點彎曲的線條，看起來就更自然、更漂亮。

除了分枝多、線條彎曲，我還會盡量挑選生長速度比較慢的樹種當作主樹。同時為了不讓樹下過於陰暗，大多會選擇葉色較淡、較為透光的落葉樹——這麼一來就能享受秋日葉紅、冬日葉落的景致。夏天隔著綠葉若隱若現的住屋，入冬後因為葉落盡而露出了全貌……如此讓住屋隨著季節改變樣貌，能製造更加豐富的戲劇效果。

09.

挑選能夠傳達生命力的樹形

樹形無論是筆直或朝某個方向傾斜都好，不過因為在森林的競爭環境下自然天成的樹形，通常看起來會更有生氣、造形也更美，所以選樹的時候，一般我會挑選比較可能重現自然原貌的樹種，然後進行組合。譬如種了一株高木後，下方的中木和低木為了得到陽光的照射，枝葉一定會自然地橫向發展。為了取得日照，所有的樹木總會各自找到最適合它們生長的位置——這就是我所謂「自然」的意思。正因如此，可能的話我會盡量選用實際生長在附近山裡的樹木，而不是向樹農購買人工栽培的種類。

不過選樹還必須根據實際栽種的位置而定。在自然的環境裡，一般都是雜木叢生，會相互影響彼此的日照。所以在同一個樹林子裡，有喜歡半日照的，譬如楓樹，也存在著不少根本不愛曬太陽的樹種。如果栽種的位置有西曬，那就必須選擇喜歡日照的樹種。

除此之外，即使是同樣的樹種，習性也會因為原生地點不同而大相逕庭。譬如有的可能生長在陽光較少的北側山坡，或者陽光充足的南側空地，抑或山頂或者山谷裡……。生長在山谷裡的植物，因為從小習慣了水分充足的環境，大多不適合一般的住屋庭園。要言之，要是真的「山採」（請參照「卷末：住屋造園植物圖鑑」的用語解說）選樹，一定得參考樹木原生環境來進行挑選。如果想找一棵楓樹，就得往山頂找，因為長在山頂的尤其耐旱，而且耐旱的樹木通常樹形特別好看，會傳達出一種難以言喻的生命韌性。這種感覺有點近似於盆栽的種植。一株百歲高齡的松樹，樹形雖小卻格外耐看，總是叫人愛不釋手。

這類能夠傳達生命力的樹形，到了冬天更是可觀。落葉後那美麗的樹形，簡直可比長谷川等伯的松林圖或菱田春草筆下的落葉*，看上去儼然是幅山水畫，足以讓居住者在寒冬的庭園裡，品嚐到人生如夢幻泡影般的空寂。

*譯註：長谷川等伯與菱田春草係日本知名畫家。前者活躍於江戶初期，專攻水墨山水。後者活躍於明治年間，主在工筆寫意。

由建築師前田圭介所設計的「心情Comfort Gallery之器」的門廊。地面採用一種近似防止雜草生長又透水透氣的天然土壤「草墊土」的鋪裝材，搭配著地上的原木外牆和木作拱門。經過實地勘查，並和前田先生商量該如何搭配植栽之後，才請他幫忙留下門廊的幾處最容易成為視覺焦點的位置讓我種植樹木。

10.

透過外庭來分享綠意

為獨棟住宅規畫庭園時，有些時候我會建議建築師將主建物稍微向內退縮，挪出一塊可供種樹的「外庭」。若基地太小、無法內縮，則會設法在門廊或門邊種下植栽，或者壓低外牆的高度，甚至索性把牆壁改成格柵或百葉，好讓住屋外部也能享受到「內庭」的綠意。這麼一來，就能把綠意分享給街坊鄰居。要是家家戶戶都這麼做，我們的居住環境肯定會變得更漂亮、更多采多姿，不是嗎？

同時，庭園中開花、結果，蝴蝶飛舞等現象，必定也會給居住者和

鄰居、路人帶來許多生活話題。我認為外庭具有重拾社區凝聚力的功能。

由建築師橫內敏人所設計的「內庭・外庭之家」，在屋外有個臨路的外庭。我請橫內先生加高住屋地基，好把這塊狹小的土地設計成立體假山，在上頭種下大量植栽，然後在斜坡面上佈置了石塊來收尾。因為做成假山，植栽會變得更加醒目，路過的行人也更能夠享受到這裡的綠意。此外，我特別挑選了會開花、結果的樹種，以便讓大家直接感受到季節變化。

後來聽說屋主的太太每天早晚都會到外頭澆水，久而久之，和鄰居、路人互道早安，說聲「您回來啦！」成了她生活中的一大樂趣。拉近街坊鄰居彼此的距離，正是設計外庭的真正目標。

內庭・外庭之家（大阪）

設計：橫內敏人建築設計事務所
施工：Core建築工房
基地面積：328.65m²
建築面積：177.91m²

※平面圖請參照73頁。

東南面的外觀。種著日本小葉梣和楓樹兩種高木，樹影映在設計簡潔的門牆上。低木則刻意選用了棣棠果和藍莓等幾種會結果實的樹種，為道路增添色彩。

世田谷區Y宅邸（東京）

11.

設計：彥根建築設計事務所／彥根明
施工：渡邊技建
基地面積：164.24m²
建築面積：104.34m²

為了搭配一旁主建物的高牆，種植了高大的日本小葉梣和小羽團扇楓，並且盡可能讓枝葉貼近高牆上的窗口。每逢夏季，圓錐繡球的花朵會自然妝點住屋旁的巷道。

增添些許綠意 改變巷弄的表情

這是另一個外庭的案例，是由建築師彥根明所設計的「Y宅邸」。這棟位在密集住宅區的住屋，以一小段階梯和公有道路連接，我向彥根先生提議，不妨和外庭一起，在階梯邊的空地上佈置一些植栽。屋主Y先生和彥根先生欣然答應，隨後我們到區公所申請土地使用變更，也立刻獲得了公所辦事員的受理，實現了一次外庭與公有道路一體化的綠化工程。過程中，儘管我主動允諾，萬一發生什麼狀況會立刻拆除，但是Y先生、彥根先生和公所的辦事員卻異口同聲，「只要是對地方上有益的，就放手去做吧！」為此讓我感到萬分欣慰。

以外庭取代水泥外牆，藉此將綠意分享給街區。

12.

總社之家（岡山）

設計：積水房屋倉敷分公司／尾山宏司
施工：積水房屋
基地面積：602.22m²
建築面積：187.66m²

在門外的花園安排一張長椅，會立刻成為孩子們一起上學時的相約地點，加速庭園融入街區。

提供街角一處小確幸的風景

外庭的長椅即是休憩之地

有時我會在門口花園放一張長椅。一旦有了可以坐下的地方，第一個被吸引來的一定是好奇心旺盛的孩子們。隨後大人也會接踵而至，形成一處交流溝通的處所。

其實這樣做的目的是想恢復昔時日本老人家在緣側下棋、夏天到戶外乘涼的光景。而且大門口有人，也有防盜的作用。因此可能的話，我都會在外庭設置長椅，讓居住者隨時可以對鄰居或經過的路人說「請坐」。外庭的長椅既能作為溝通的工具，也是一處休憩場所。

13.

從對講機走到玄關的距離

關於門口的設計，除了外庭，我還特別在意對講機安裝的位置。譬如旗竿型的基地，我總不忘建議屋主和建築師把電鈴和對講機一起安裝基地最外側的大門邊。如此一來，當訪客按下了電鈴，叮咚一聲，居住者說「請進！」後，訪客就可以花點時間，從大門口漫步到玄關。同一時間，居住者更可以不疾不徐地走到玄關，開門迎客。要言之，從對講機到玄關的時間（或距離）可以讓居住者在廚房或客廳應門之後，擁有更多整理衣冠和移動到玄關開門的時間。

如果把對講機安裝在玄關門口，訪客就得在外頭原地不動地等待了，不是嗎？再者，要是慌慌張張地開門，說不定推開門時還會撞到客人。

如果只是為了便利而讓道路或巷弄到玄關的距離緊接在一起，會少掉許多居家生活的樂趣，所以即便是基地不大，我一樣會建議盡量拉出大門口到玄關之間的距離。如果實在拉不開距離，也可以改變入口門和玄關門的方向，彼此不要平行，或在中間設置一道隔間牆，避免門對門，以便在居住者開門的時候不會直接撞見客人。然後不妨在玄關放置一張長椅，讓訪客可以在脫下外套的時候，放置提包或行李，提供訪客的方便。

或者，也可以跟訪客說「您請稍坐一下，我立刻就到。」讓對方可以坐下稍候片刻。如果能在長椅邊再安排一個小花園，就能讓訪客在等候的時候不會感覺無聊。如此一來，居住者便可好整以暇地開門，甚至可以和客人一塊兒享受一下小花園的風景。

成城之家（東京）

設計：遊空間設計室
施工：渡邊技建
基地面積：235.74m²
建築面積：93.76m²

這個位於T字路底的玄關，我選種了幾株開花植物，讓經過的行人遠遠就能享受到這裡的綠意。同時，放置了一張讓行人和街坊鄰居都能隨意坐下的長椅，也因此居住者不時接受行人、鄰居的感謝。香氣十足的瑞香花種在上風處，從屋裡打開玄關門時，會立刻聞到路邊飄來的陣陣花香。

14.

不動聲色地在細縫間導入綠意

在由建築師田頭健司所設計的F宅邸中，鋪石的門廊兩側種著頂花板凳果、紅蓋鱗毛蕨和寶鐸草，滿滿的綠意，當中還加入了紅花百里香，增添香氣。

只要在門廊和停車場地面上的磚瓦細縫間，種上幾株植栽，即可讓整個空間氣氛大大改變。最常見的就是種滿了麥門冬，不過我習慣的植栽並不只這一種，大多是會開花或帶有香氣的種類。如此一來，就算只是走過地面上大量留白的門廊，也會是一種享受。

另外，如果栽種百合花或鬱金香之類的球根類植物也別有一番趣味。在土裡埋下幾個球根，春天一到就會陸續發芽。我最喜歡聽到客戶說，「沒想到那位老伯種了這麼可愛的花，我們竟然都不知道！」這是造園師送給客戶最大的驚喜。

15.

現代感十足的混凝土門廊

我會配合住屋設計來選用門廊素材，如兼具安全性（止滑）和耐久性（防腐）的建材；當然，具有雨水滲透性的鋪裝材也不錯。

有些時候我也會使用磁磚或石塊，不過我更偏好採用更容易搭配地基的混凝土門廊。因為門廊的地面顏色越淡，越能夠凸顯出門口的綠意。一旦決定採用混凝土門廊，我會請建築師在進行地基工程時，一併完成門廊的混凝土施工。以唯家房屋（VEGA HOUSE）負責建造的「久留美的家」為例，我甚至請他們加高地基，在懸臂邊安排了一張長椅。混凝土的地面經過簡單的表面強化處理後，凸顯出本身漂亮的水平線條，也讓住屋看起來更加輕盈，減少了厚重感。

久留美之家（鹿兒島）

設計：唯家房屋
施工：唯家房屋
基地面積：153.00m²
建築面積：65.00m²

16.

為門廊妝點色彩

陶瓷娃娃工作室（大阪）

設計：UID／前田圭介
施工：西友建設
基地面積：328.16m²
建築面積：151.25m²

走近屋宅 滿懷欣悅期待

難道你不覺得，穿過綠意盎然的門廊、逐漸走近屋子，是一件分外令人開心的事嗎？

上頭的照片是由建築師前田圭介所設計的「陶瓷娃娃工作室」（Atelier-Bisque Doll），也是我首度和前田先生合作完成的作品。規畫時，前田先生說他打算把外牆懸空，把庭園的綠意分享給鄰居，於是我決定將這條白色帶狀的門廊視為花器，種植高過圍牆的樹木，刻意凸顯圍牆的水平線；同時在門口種下高大的山槭和小羽團扇楓，好像屋主正在招呼著「歡迎，請進！」

這條綿延直通基地深處的玄關路，意在提供訪客一場視覺饗宴。植栽包括枹櫟、鈍葉杜鵑（中木）和三葉杜鵑（低木）等高度不同的樹種，讓白色不銹鋼薄板的門廊和樹木的綠意形成鮮明對比，既妝點了這條彎曲廊道的色彩，也充分表達了居住者樂在有朋自遠方來的歡迎之意。

當訪客逐漸走近住屋時，我們能夠提供他怎麼樣的感受？簡言之，要打造出一間別具魅力的住屋，門廊的作用不可忽視。京都大德寺的高桐院是我最愛的日本傳統建築，尤其是它的正門廊道。跨進正門後是一條長長的參拜步道，地面長滿青苔，兩旁則佈滿了茂密的原生楓紅。前方建築若隱若現，讓人忍不住想去一探究竟。再往前，一座簡單卻唯美的庭園映入眼簾。青苔顯然經過細心照拂長得恰到好處，充分呈現了日本對於大自然的審美觀。那裡是秋天賞楓的勝地，不過我更建議大家不妨在初春新綠的時節到那一遊。

住屋的門廊既是迎接訪客的第一站，也是訪客對住屋的第一印象，雖然無法像高桐院參拜步道那樣自然幽靜，但可能的話我希望能讓訪客稍微繞點路，在引導他們雀躍入門的同時，也勾起他們的好奇心。

17.

收納座車的優雅車庫

CLOTH樣品屋（德島）

設計：譽建設
施工：譽建設
基地面積：237.46m^2
建築面積：108.11m^2

高原之家II（大阪）

設計：田頭健司建築研究所
施工：公正建設
基地面積：234.49m^2
建築面積：92.47m^2

南與野之家（埼玉）

設計：伊禮智設計室
施工：自然與住屋研究所
基地面積：157.74m^2
建築面積：86.63m^2

House M（大阪）

設計：彥根建築設計事務所
施工：JOB房屋
基地面積：534.83m^2
建築面積：293.56m^2

※平面圖請參照95頁

在停車場上硬生生地設置一座鋁製停車棚，看起來突兀，也會破壞住屋的整體美。然而，又不能把它藏起來不讓人看見，相當惱人。

我個人的想法是，可能的話最好能把停車空間融入住屋裡。要是能再提供一條讓車子可以開進屋內遮風避雨的車道動線，實用性就更高了。倘若實在無法設置車庫，至少也要統一停車棚和住屋的外觀造形。由譽建設公司所設計的「CLOTH」樣品屋，就是一個不錯的例子。停車棚採用鋼骨結構，造形卻極為輕巧，並且與住屋的外牆同色化為一體。

由建築師田頭健司所設計的「高原之家II」，則是一幢木造的兩層透天厝，外牆是RC，搭配的金屬格柵門巧妙地隱藏了牆內的停車棚，外觀平整而簡約。而由建築師伊禮智所設計的「南與野之家」，車庫採用木製格柵門，從屋外也能隱約看見內部的綠意。由建築師彥根明所設計的「House M」，則把附帶鐵捲門的車庫設在屋外和中庭之間，打開鐵捲門時，從屋外也能清楚望見中庭的綠景。

18.

在庭院中置入停車場

岡本櫻坂之家 2（兵庫）

設計：Y's design建築設計室
施工：加藤組
基地面積：278.55m²
建築面積：82.27m²

因為每天停車，停車場不鋪設草皮，而採用透水平板磚和碎石的組合。磚塊鋪面和住屋的細格柵立面搭配得完美無缺。

要把佔據基地的留白——也就是佔去庭院大半部的停車場設計得既實用又好看，確實不是件容易的事。要是必須停駐兩輛車以上的停車場，如果全面鋪設混凝土，更會讓人留下非常突兀的印象。

雨水落地、滲入地面，原本是再自然不過的事，然而現在人們已經養成了逢地便鋪混凝土、然後把雨水引入溝渠的壞習慣，也難怪大雨一來，輕則積水，重則變成水鄉澤國。正因為觀察到這些窘境，為了防範積水和淹水，在規畫庭院時，我一定會盡可能讓雨水回歸大地。儘管絕大多數的停車場仍舊採用混凝土鋪面，但我總會設法加入一些綠色的間隙，為雨水提供去路。

最近我又改弦更張，偏好磚塊和草皮的組合。具體地說，就是使用從高爾夫球場回收來的透水平板磚，把它當作「植草磚」用，並且在磚塊的凹陷處植入草皮。建議讀者不妨也試試，透過非常簡單的設計，就能把停車場也弄得像庭園一樣好看。

不過請留意，要是停車場上長時間停駐車輛，草皮可能會因為引擎的熱度或缺乏日照而枯死。如果只是客人來訪連續停個兩三天，那倒無所謂，人、車出入越是頻繁，反倒可以減少除草的次數，省下保養草皮的時間。草皮過長的時候就使用除草機，高度調整到兩公分左右即可。

下山梨之家（大阪）

設計：扇建築工房
施工：扇建築工房
基地面積：243.00m2
建築面積：98.11m2

「下山梨之家」的停車場局部設在屋簷下，屋簷下方鋪設碎石，陽光照得到的部分則鋪設植草磚，並在磚塊的細縫處種植草皮。

◎美化停車場即美化社區

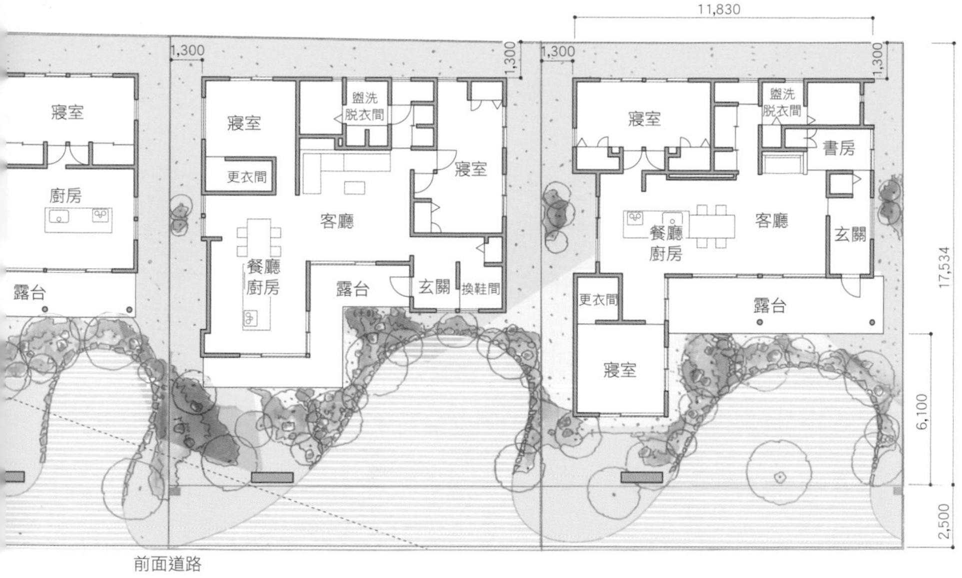

為了提供廚房的視野景觀，從平面圖開始便著手規畫庭園內的植栽配置。

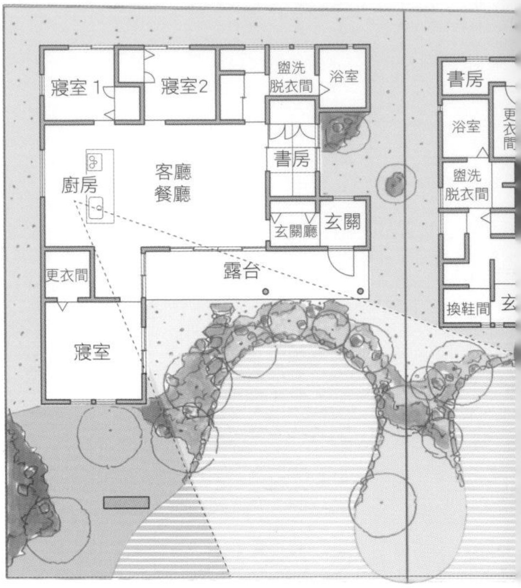

CASE STUDY HOUSE・
三田庭園（兵庫）

設計：MISAWA建築近畿分社／宮脇誠治
施工：MISAWA建築近畿分社
基地面積：$269.34m^2$～$294.44m^2$
建築面積：$117.78m^2$～$128.88m^2$

從兼具屋前花園的前庭，順著石階拾級而上，便是正門玄關。

這是我過去經手的一項大型社區庭園規畫案。這個社區蓋的全是獨門獨院的平房，並以兩戶為一個單位，彼此相望。從建築設計的階段開始，基地整體的綠化比例到每一戶庭園和窗口的設置，我都全程參與了討論，之後也負責庭園的整體規畫，因此才能完成這樣一座住屋和庭園完全一體化的設計成果。

整個社區規畫的概念是「棲佇在森林中的住屋」。統一了每一戶的庭園設計後，能讓人更清楚感受到綠意的一致性，身處其中會感覺非常清新自在。停車場亦統一採用了我在前篇提到的植草磚和草坪的組合，並且家家戶戶都以停車場做為規畫的起始點，逐步將四周形塑成一整片的「屋前花園」。由於停車場和住屋之間有明顯高低差，因此採用填土造丘，嘗試塑造出起伏的天然地形，藉此達成社區規畫的概念，讓每一棟住屋都看似置身在自然原生的土地和森林之中。

另外我也嘗試把每一戶所在的小山丘和隔壁鄰居的基地地面設成同樣的高度，好讓居住者感覺不到地界的存在。在山丘邊，設置了用天然石塊砌成的正門廊道，拾級而上後還有一座配置在屋簷下方的開放露台。由屋內向外望見的景觀雖是鄰居的綠意、但也像是自家的庭園外，我還刻意讓兩戶人家看不見彼此的起居空間——這正是這座社區設計最巧妙之處。只有同時設計整座社區，才可能實現這樣完整的規畫。

結果這座隔著屋前花園、和鄰居相連的獨戶平房，才一推出立刻銷售一空。現在隔壁另一個同款設計的社區已經動工。因為賣的同樣是獨門獨院，以兩戶為一個單位、彼此相望的規格，不難想像未來這裡將形成一大片充滿綠意的漂亮社區，社區之美令人期待。

同樣價值觀的人集合在一起，就可以共同維護地方的環境。看到有鄰居隔著庭園聊天，其他住戶自然會有樣學樣，最後大家都會意識到家園與環境的可貴，進而形成良性的互動，也益發願意用心照顧社區裡的一草一木。一塊原本什麼都沒有的土地，一旦經過景觀設計，創造出價值、吸引了人們到此落地生根後，就能形成了一處「美麗社區」——而這正是我從事造園設計工作所夢寐以求的終極目標。

19.

迴車道的新思維

奧地利裔美籍建築師理察・諾伊特拉（Richard Joseph Neutra）生前不僅是位天才建築師，在庭園造景方面亦才華洋溢。他曾設計過各式各樣創意獨具的「迴車道」，汽車順著車道駛至玄關門前，然後人下車，開門走進屋裡——便是其中他最擅長的一種設計風格。比起傳統的那種把車開到大門口，必須來回切打好幾次方向盤倒車入庫的設計，難道這種迴車道不是又簡單又方便嗎？尤其是位於郊區的住屋，這種迴車道更是大家夢寐以求的難得創意。不論出入或停車，都為極為省事。

由鹿兒島的工程公司唯家房屋所設計的這棟「擁有大雨遮和迴車道的平房」，門前設置了一片大雨遮，讓迴車道兼具了停車棚功能。入口沒有深鎖的大門和高聳圍牆，僅在基地的邊界種了幾棵樹木，讓迴車道兼具入口門廊的作用，汽車駛入即可直通玄關，真可謂是一舉三得的設計。

「擁有大雨遮和迴車道的平房」，是在強調住屋本身的低矮造形和水平線、並凸顯其水平比例的目的下，在前方並排種植了鵝耳櫪和枹櫟等幾株高木，後方則以鄰居的染井吉野櫻做為背景，再搭配上四棵高大的櫻樹，讓一間原本平凡無奇的平房建築，瞬間變成就像是建在櫻樹林中的小屋。

擁有大雨遮和迴車道的平房（鹿兒島）

設計：唯家房屋
施工：唯家房屋
基地面積：364.69m²
建築面積：113.43m²

◎讓客人賓至如歸的商用迴車道

一般來說，建築設計事務所在規畫樣品屋時，大多會把停車場設在正門入口的不遠處，客人必須先停好車，然後步行走進樣品屋。但是長野縣的工程公司小林創建所設計的這間樣品屋「Craft松本豪華房」的規畫卻完全有別於此。由於接待中心和樣品屋分據二棟，我建議用一條迴車道連結兩棟建築。如此一來，客人將車子駛入基地後，即可順著迴車道停在任一棟建築的入口；回家時，車子也無需調頭，直接上車即可駛離基地。

此外，我們還把樣品屋的鋁鋅鋼板屋頂加大到迴車道的上方，盡量不讓門口淋到雨。當銷售人員開車載著客人抵達基地，車子停在樣品屋前，客人可以不受天候影響，如常地開門進入樣品屋。這樣的設計，就算加大的屋頂尺寸無法完全遮住整個車身，但只要遮住可能結霜的前擋風玻璃也就達到目的；即便基地的面積不足以另行規畫一座停車場，迴車道也可以充當停車空間使用，省下了設置停車場的時間和成本。

開車行經充滿陽光、綠蔭的迴車道，也讓人不自覺心情大好。彷彿免下車購物一般，坐在車裡即可開心地欣賞、想像樣品屋內外及屋簷下的生活。

在綠意中流暢停轉的聰明迴車道

「Craft 松本豪華房」的外觀

原本規畫的動線是，汽車直線駛入基地，把車子停在停車場內，之後才變更成以迴車道連結兩棟建築的設計。設計迴車道時，我大膽退縮了正面矮牆，並在空出的路邊空地上種樹，增添街區的綠意。入口的兩側也種下植物做為綠色看板，吸引客人上門。後來有客人說他正是被這些植栽「吸引進來的」，證明我成功達成了這次設計的主要目標（笑）。

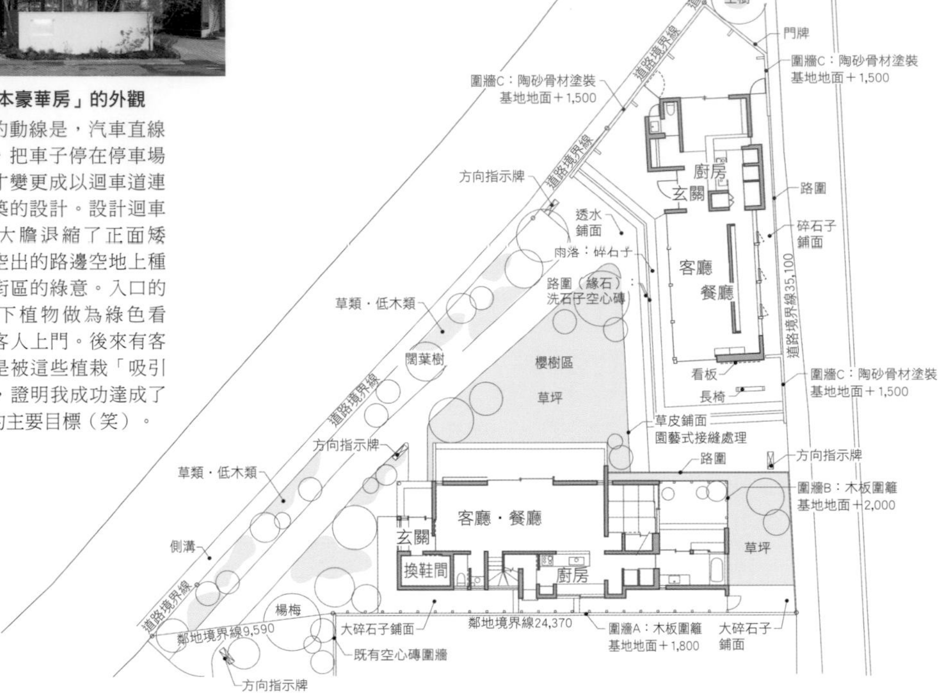

• BEFORE •

↓

• AFTER •

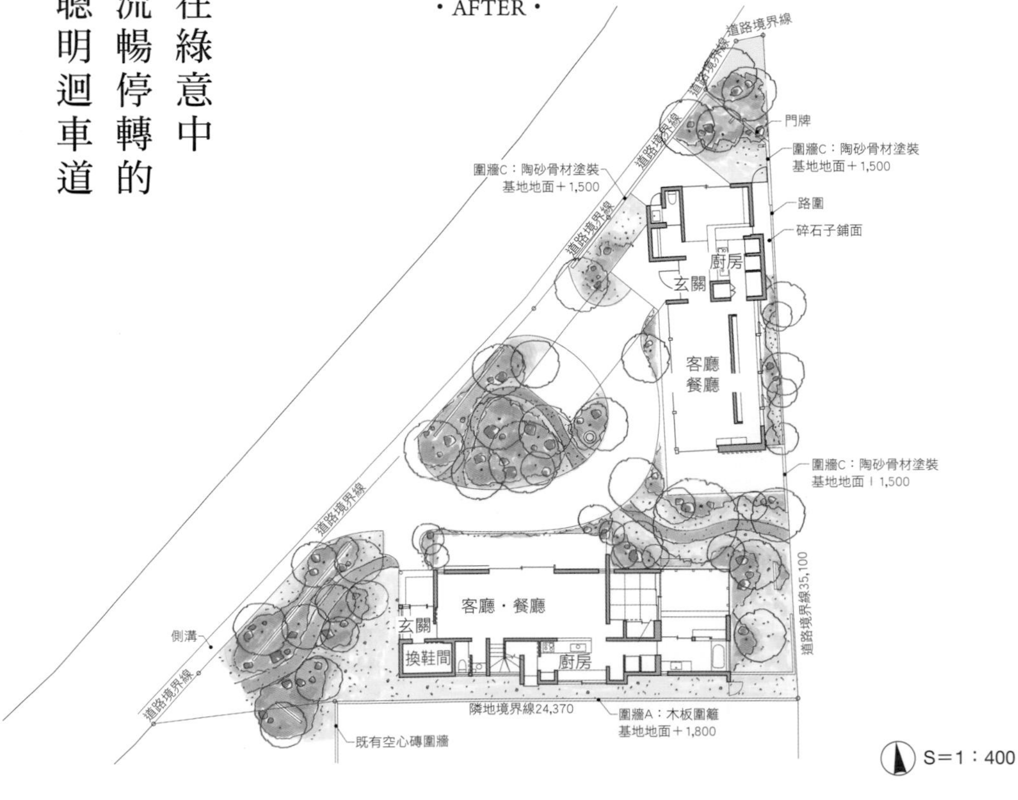

20. 住屋基本的外部配置設計

和室內設計一樣，住屋的外部也必須配合建物本身和綠意，進行適度搭配。若過於強調外部的顏色或質地，往往反而會破壞住屋和庭園植栽的質感，因此在進行外部規畫時，應盡量避免使用過多素材。

◎圍牆

特別是圍牆，因為佔據面積較大，經常直接影響到整棟建築給人的印象，因此使用的素材最好要統一；如果住屋的外牆使用水泥砂漿塗裝，庭園的圍牆最好也用水泥砂漿塗裝；要是屋頂鋪設了瓦片，圍牆最好也能以瓦片罩頂。素材一致的好處是，即便視覺上佔據的面積較大，也不至於讓人產生壓迫感。另外，採用杉木板模做成的ＲＣ牆，也是常見的手法；若是外牆全面塗白的現代式住屋，這種手法有助於提升住屋本身的穩重與質感。若搭配木造的住屋，則會給人多一點現代的印象。要是預算有限，採用木製圍牆或沖繩地區常見的花磚也不錯。若使用現成的混凝土空心磚，則不妨另行噴漆或請塗裝師傅進行額外加工。

杉木板製清水模的圍牆，搭配著同樣高度和厚度的不銹鋼門柱。大門則是以3公分間隔開的0.9公分薄板組成的格柵製成，十分通透。樣式高貴的不銹鋼大門更凸顯了門前綠意的精彩豐富。

此外，圍牆最好不要蓋得太高。低圍牆不僅有助於室內空氣的流通，就我個人的觀察，還有助於營造街區巷弄的開放感，甚至具有嚇阻犯罪的效果。圍牆的高度雖低，仍然可以透過厚度來讓路人不至於看見屋內以確保隱私。不過畢竟圍牆的高度仍會影響到外部整體的觀感，未必低就一定好，還是要根據整體的平衡考量來決定。

◎大門週邊

大門的週邊一般會設有信箱、門牌、電鈴（對講機）等。這類配件，越是低調越可以顯示出大門週邊的設計感。其中又以大門本身格外重要，建議盡量採用不銹鋼大門，鋁製的大門輕巧但美感不足。我個人特別喜歡不銹鋼那種特有的通透性。

減緩原本稍陡的階梯，並且沿著外牆畫出弧線，用混凝土重新打造了梯板；並請鐵匠師傅把原本直線的現成扶手改成微彎的弧線。原先亮光光的不銹鋼信箱也和鐵製扶手統一，漆成同樣的顏色。

• BEFORE • → • AFTER •

◎外部翻修

進行外部翻修與建築調和搭配也不失為一個好方法。有一天，一位屋主突然來找我幫忙更新他家四周的植栽。這棟房子是委託建築公司建造，但外部是由另一家庭園設計公司負責，到了現場，我發現花壇短牆的直線用的是方塊磚，弧線的部分卻是丁掛磚，非常不協調，顯然先前為求施工方便而犧牲了外部整體的協調性。加上外牆的髒污清楚可見，於是我主動建議屋主進行一次外部全面翻修，而不只是換新植栽。在得到了屋主的同意後，我先把住屋外牆和圍牆漆成相同的顏色，重塑了住屋和外部的協調性。

原本鋪設地磚的門口則改為洗石子混凝土鋪面。接著，在門前安排了一張混凝土長椅，因為住屋本身的設計，從屋內完全看不到庭園，設置長椅即可讓居住者坐在門前欣賞自家庭園的綠意。

又因為這是一座對外開放式的庭園，我決定大量栽種開花植物。後來我聽說，屋主太太因為這次翻修而迷上了園藝，頻頻跑去大賣場購買各類園藝工具和花苗。接著鄰居也開始種起了花來，經常互相稱讚誰家的花種得好美，形成了良性互動。由此可見，住屋的外部調整重要性絕不亞於日常的穿著。住屋的四周和庭園的力量其實遠遠超乎我們的想像。

翻修後的外部景觀。統一成奶油色的住屋外牆和圍牆，加上四周的綠意，給人優雅柔和的新印象。

• BEFORE • → • AFTER •

拆除花壇的磚牆，改成和西式建築更為搭配的褐色文化石牆。

21.

推薦綠色圍籬

如果不把庭園的圍牆視為表達「這裡是我家」這種土地所有權的宣告，而是把它看做基地「鑲邊」的話，或許大家就不會那麼執著於非蓋一面磚牆不可，而會更願意把圍牆改成用植栽組成的「綠色圍籬」。

綠色圍籬像一層過濾網，戶外的空氣經過綠籬過濾後，就能隨著清爽的微風送入屋內。一般的綠籬大多會選用青剛櫟或羅漢松，然後將它們修剪成四方形，不過由於成長快速，必須經常修整，照顧起來相當費事。所以一旦決定採用綠色圍籬當作庭園的圍牆，我個人比較推薦種植杜鵑，因為杜鵑幾乎不需要什麼特別的照顧。當然，透過修剪的方式確實有助於增加花朵的數量，不過我還是比較偏好任由它們生長成的模樣。自然生長的杜鵑，樹形美觀，花朵會開在枝頭上，非常好看。

如果是在基地邊界種下了滿滿的圍籬植栽，肯定必須經常修剪，否則植栽一定會經常侵入鄰居的土地，所以建議不要種滿，最好穿插種植各種不同的樹種。

由建築師前田圭介所設計的「群峰之森」一案中，我刻意選種了下方枝葉比較茂密的樹種，而且栽種得如樹林般密集，目的是要不讓人隨意擅闖。其中隨機種植了高大的樹種和低矮的樹種，甚至加入了幾株超過一・六公尺的高木，以便遮住路人望見二樓的視線。當然要是真想硬闖，還是進得去的，不過基木上這樣的綠色圍籬已經具有警示「請勿進入」的作用，一般闖空門的情況很少發生。陽光也能可以穿過枝葉縫間照入室內，維持室內該有的舒適感。

群峰之森（大阪）

設計：UID／前田圭介
施工：誠建設
基地面積：2107.88m²
建築面積：611.51m²

22.

水土保持，石組優於擋土牆

傳統上，當基地存在著高低差或位在斜坡地時，多半會用混凝土製的擋土牆做水土保持。不過為能擁有多一點土壤或製造綠意的空間，一般我都會建議屋主用石組的方式來保持水土。

倘若坡度在四十五度左右，只要技術不差，就能利用石組來精準維持坡度，還可以做好水土保持。也許你會認為這樣肯定要增加不少預算，但實際上只要使用本地生產的石材，很多時候石組的價格比混凝土擋土牆還便宜。至於石組本身，我是用大大小小的石塊，以不規則的排列方式組合而成的，並且盡量讓石塊露出土表，使其看起來更加自然。

由積水房屋建築師加藤誠所設計的「復元・石砌的家」，基地所在的土地在三十三年前原本用的是日本早年慣用的石砌式擋土牆。本來四周的環境非常漂亮，可是多年來隨著很多住家不斷改建，一部分石砌擋土牆逐漸出現損壞，屋主便一一改成混凝土擋土牆。而這塊基地本身的石砌擋土牆也因為局部坍塌、一部分改以混凝土擋土牆取而代之。但是加藤先生打算撤除這段擋土牆，將之復元為先前的石砌牆。

我建議他，與其用以水泥砂漿固定的垂直石砌牆，不如以有著天然緩坡斜面的石組來保持水土更好。

石組由石塊和土壤相間拼湊而成，由外向內呈緩坡狀。石間的縫隙種植了花草，極富自然質感。

※平面圖請參照67頁

這房子好酷，有好多樹！

記得有一回我正在工地裡忙著種樹的時候，有幾個放學正好路過的小學生對我說，「大叔，這房子好酷喔。」「哪裡酷？」我隨口反問。「樹好多呀！」還有人說，「這房子大概值好幾個億吧？」

這段短短的對話看似平凡無奇，對我來說卻一次莫大的鼓舞。因為孩子們用了最直白的「酷」字肯定了我的工作，也認出了植栽的價值，讓我備感欣慰。

追求自然是人的本能。每一個人大生就知道，有樹的地方一定有水，一定找得到食物，然後人們自然就會聚集到那裡，演變成集落，形成豐富的生活。換言之，人有追尋綠意的本能。誰不喜歡去公園？到了公園誰都會自然地想待在樹下。即便是住在市區的公寓裡，人們總會專程去賣幾棵盆栽回家種。

我不禁想起了東北地方那條橫越森林的奧入瀨溪流。陽光穿透林子，映照湖面的美景，從來沒有人不喜歡。正如隨處可見樹林子的鄉間田園，鬱鬱蒼蒼、萬樹叢生的森林，它們永遠都在療癒著世人的心靈。人工永遠不可能優於自然天成的風景。這個想法，正是我從事庭園設計的力量泉源。

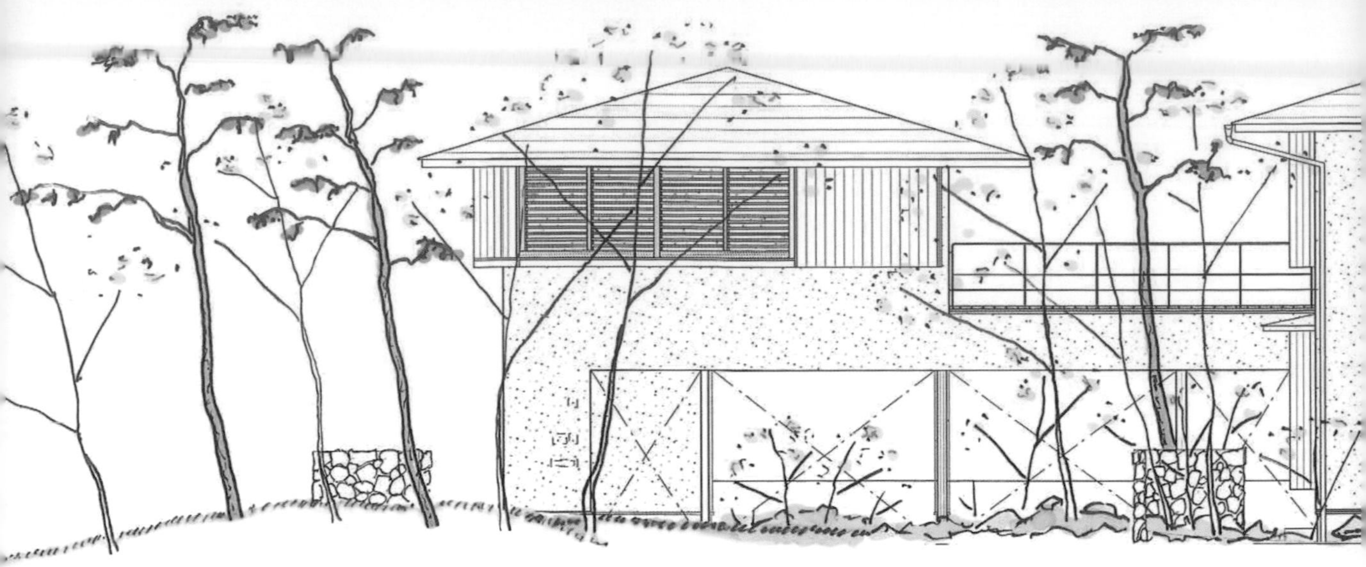

23-42

RECIPES

OF

TOSHIYA OGINO

2

讓居住者充分享受綠意的住屋設計手法

最完美的庭園設計手法，莫過於讓人願意走入庭園、享受園景之美的同時，也能將庭園的景致分享給街坊鄰居和路人。為此，我們必須絞盡腦汁，透過各種方式達成這個目標。譬如栽種讓人能一整年享受景致的各類花草樹木，或者規畫一處既可享用美食、又能欣賞到庭園風光的戶外客廳，方法不一而足。這一章我們就來思考一下，如何打造讓居住者們真心願意走入庭園的住屋設計手法。

23.

建築師吉村順三曾說，他看到基地後的第一件事，就是先決定居住者坐下的位置。接著他才會著手設計平面、決定窗口的位置，在窗外種樹。更重要的是，他還會想像居住者的視線穿過樹木、眺望的遠方風景。

我認為庭園設計的過程，也最好能以相同方式來思考。到了基地以後，我會先看看天空，然後原地轉一圈，看清楚四周圍的環境，找找看有什麼漂亮的風景和樹木；同時也會注意一下鄰家的窗戶在哪兒，他們外牆的狀況如何。當然還會留意基地日照和風吹的方向，因為這也是設計庭園時的重點。

要是遠處可以望見山的稜線，那就太幸運了。從住屋房間的窗口就可以望見遠山，是何等難能可貴的事！光是朝著遠山景色開窗，就可以完成一面精彩的景觀窗。設計庭院的時候，我會設法把山頂放在兩

重要的是讓視野淨空

庭園的景致再美，永遠不可能勝過人們心中嚮往的原生風景。為了不影響伊禮先生所刻意擷取出來、如畫一般的田園風光和鄉間小路，我決定讓窗前淨空，一棵樹也不種。

棵樹之間，栽種時會盡量不讓樹木遮住山景。或者，我也可能會選種落葉樹，到了冬天樹葉落盡後，山的稜線就乍現在眼前，也別有一番風味。

　要是沒有山景，那就看看週邊有哪些綠意，舉凡公園、步道、路樹，乃至鄰居院子裡的樹木，一概收下來當借景。借過來之後，再為住屋添加綠意。可能的話，探勘基地的時候，最好也到附近走一走，觀察一下當地的植被和土壤。

　充分掌握了遠景（山的稜線）、中景（附近的綠意）和近景（庭園）之後，再配合著住屋的外觀配置，就能發揮植栽原始的力量。如此也才可能增添住屋的魅力，讓居住者獲享更加豐富的生活。

紡紗之家（長野）

設計：伊禮智設計室
施工：國興
基地面積：217.21m²
建築面積：93.35m²

不種樹
也是造園工程的
一部分

24.

先確立庭園空間 才開始設計住屋

　一般屋主總會希望房子蓋得越大越好，而建築師也多半會盡可能地把面積擴大到建蔽率和容積率的最上限，然後在上頭加上圍牆、大門、停車棚，再配上一棵主樹，就算大功告成了。不過也正因為這樣的僵化流程，把許多住屋和街區都搞得非常單調乏味。有些屋主甚至覺得只要最後再擺幾個盆栽，就算達到了綠化的目的。我認為應該把作為空間性質的綠意、以及成為生活空間一部分的庭園作優先思考，先劃定綠化或庭園的空間，再進行住屋整體的規畫，而不是把最後多餘的空間才拿來當院子。

　如果基地的附近有漂亮的田園風景，我也會建議把窗戶或庭園設在最能活用這個景觀的最好位置，充分善用戶外的景致。基地若位在市區，則不妨把庭園設在採光良好又靜謐的中庭，完全避開環境的喧囂和路人的視線。要是基地上已經有現成又好看的樹木，試著把它包圍在住屋和庭園裡，就能表達出對樹木和土地的敬意。像這樣，針對基地的環境和條件，透過庭園的規畫，就能提出最佳的居家生活方式。

　也正因如此，要想設計出一塊令人開心又魅力十足的庭園，我建議所有的屋主，最好能夠同時進行住屋設計和庭園規畫。最理想的狀況是，從基地探勘的時候，就找造園師一起同行。

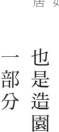

25.

建立植物與住屋的好關係

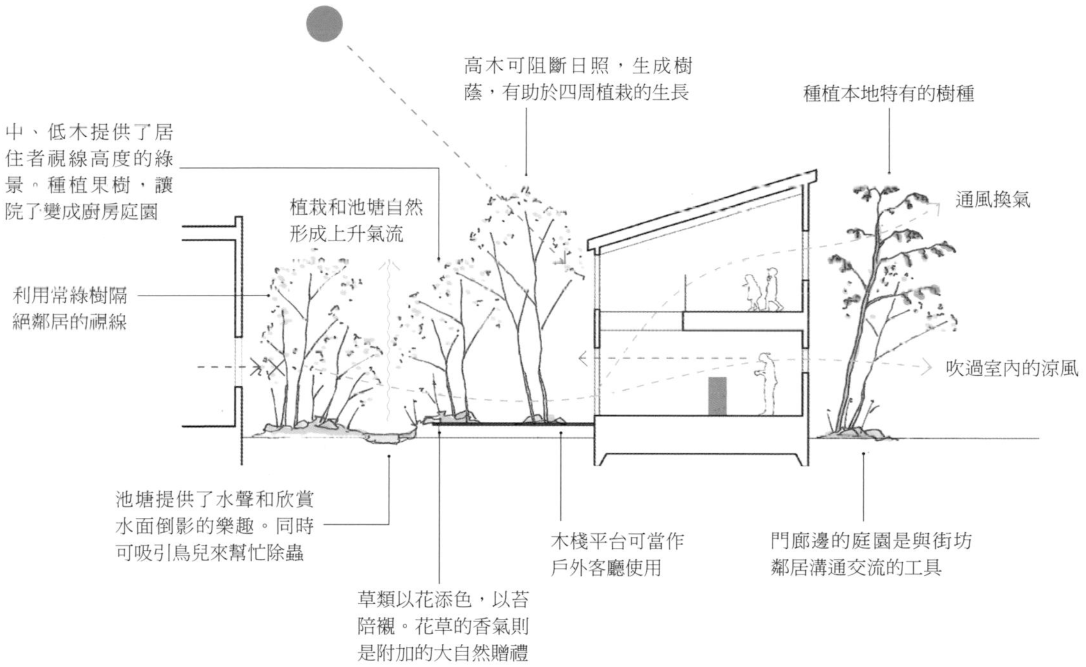

高木可阻斷日照，生成樹蔭，有助於四周植栽的生長

種植本地特有的樹種

中、低木提供了居住者視線高度的綠景。種植果樹，讓院了變成廚房庭園

植栽和池塘自然形成上升氣流

通風換氣

利用常綠樹隔絕鄰居的視線

吹過室內的涼風

池塘提供了水聲和欣賞水面倒影的樂趣。同時可吸引鳥兒來幫忙除蟲

草類以花添色，以苔陪襯。花草的香氣則是附加的大自然贈禮

木棧平台可當作戶外客廳使用

門廊邊的庭園是與街坊鄰居溝通交流的工具

介紹一張我向客人簡報時用的圖樣，我把種樹的優點全都整合在這張圖樣裡了。尤其是夏季，樹木會形成樹蔭，遮蔽陽光的直射。遮蔽了陽光直射，即可抑制住屋外牆升溫，因而也有助於抑制室內溫度上升。在庭園灑水，則可以加速蒸散作用，產生風的流動。入夜後，徐徐的涼風會穿過樹間，吹入室內。大家不妨把窗邊的樹木想像成一道綠色的過濾網。通過這層過濾網所進入的空氣，肯定會讓人心情大好。

住宅設計有所謂「被動性設計」（passive design）的手法。其實庭園設計也是，藉由基地環境中的陽光、空氣、水的導入，同樣也能發揮大用。

26.

鄰居的窗口和常綠樹

住屋位在密集住宅區的屋主，想必最在意的就是來自鄰居窗口的視線吧。一般屋主大多會希望透過調整建物的方向或窗口位置，盡量阻斷這類外來的視線，不過有些情況單靠建築設計也未必辦得到，這時候種樹就是一個不錯的選擇了。透過植栽遮蔽視線的優點是，鄰居打開窗戶也能享受到綠意，等於是一種綠色分享。若是遇到譬如鄰居的浴室或廁所這類希望能持續截斷視線的位置，我會建議栽種常綠樹。但是常綠樹的種類很多，我個人比較推薦種植山茶花或烏心石等樹形較為柔和的樹種。不過由於常綠樹也有換葉的時候，每逢六月落葉特別多，而且它們的葉片多半較為厚實，特別容易堵塞排水口，所以栽種時最好不要種得太多。

①冬青
②薯豆
③日本莢迷
④錦繡杜鵑
⑤顯脈茵芋
⑥西洋石楠花

利用常綠高木遮蔽來自鄰居二樓窗口的視線。低木也屬常綠樹，種在基地的四周，會讓人格外住得安心。

27.

配管計畫與庭園規畫同步進行

基地下方一定會通過許多排水管之類的配管。現在配管的密閉性做得越來越好，但是仍舊存在著植物的根部可能傷及配管的隱憂，因此栽種時務必盡量避開配管。最好能在庭園規畫的一開始，就先參照配管的計畫圖。可能的話，也最好和配管師傅保持密切的聯繫，譬如造園師可能會說：「這裡我打算種一棵樹，配管請繞道。」，或者配管師傅說：「這裡會通過重要的管路，別把樹種在這裡。」。總之，一定要讓雙方互通信息，密切配合。就我個人的經驗，避開配管最聰明的方式，就是請配管師傅把管路安排門廊的下方。

特別請建築師把設備的配管安排在植穴的旁邊，以免影響到植栽根球的生長。配管的上方若設有檢查口，則能鋪上一層碎石，將它掩蓋起來。

高挑的落葉高木，展現著枝幹的線條。下方種植了聖誕玫瑰，正醞釀著冬日的華麗風情。

28.

四處點綴著綠的饗宴

所有的房間都連接著庭園——這是對庭園情有獨鍾的建築師最常見的設計手法，能讓居住者在家不論走到哪裡都能看到院子，都能與大自然同在。

但是使用這樣的手法，要想規畫得好可一點也不容易，其關鍵就在於該如何處理連接房間和庭園之間的邊界開口，同時也必須充分掌握庭園內植栽的配置和數量。有時候，好不容易選用了挑高的落地門框或窗框，設定了超大的開口，結

北畠的家（大阪）

設計：田頭健司建築研究所
施工：加藤組
基地面積：268.97m²
建築面積：181.41m²

風格獨特的RC外觀，透過植栽錦上添「花」。

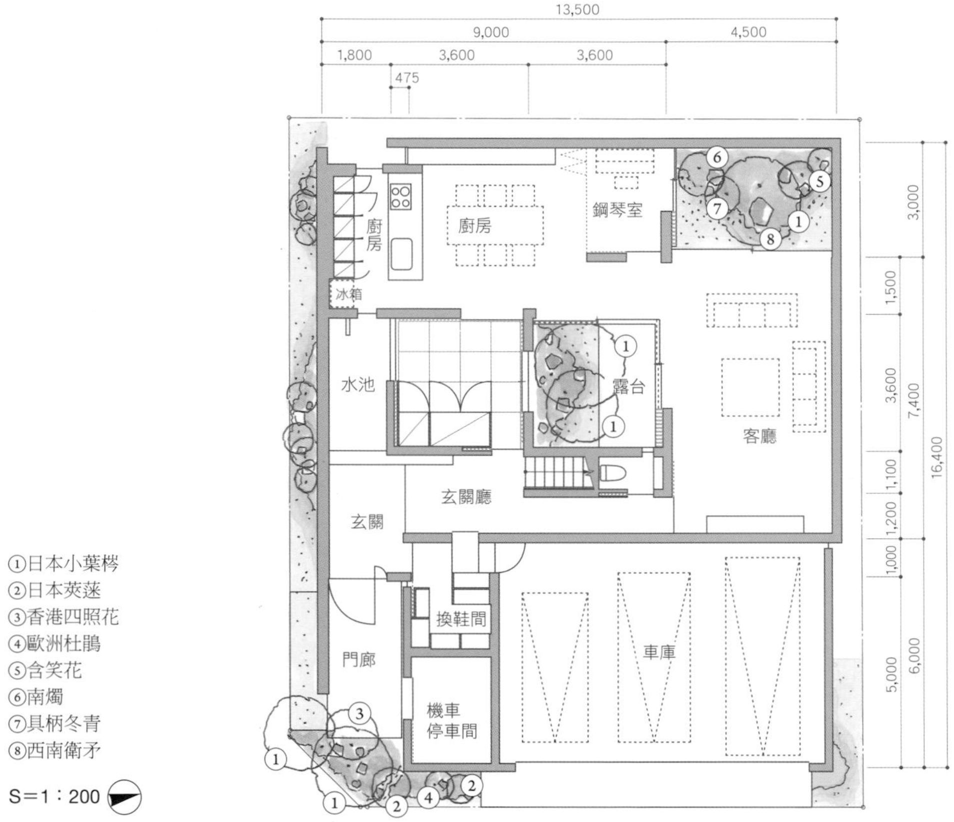

果卻發現從鄰居的二樓可以把室內一覽無遺，不得已只好整天拉起窗簾，過著暗無天日的悲慘歲月……。到頭來，不只享受不到庭園風景，連一點陽光都照不進來。

另外，也有些建築師或造園師會透過種植常綠樹的手法來遮蔽視線，結果卻因為過度人工修剪，缺乏美感，看起來一點也不自然。遇到這類情況，還不如放棄超大的開口，改成地窗，至少在坐下來時還能望見低處的綠景。

為了確保居住者的隱私而斷絕外部的視線，最理想的方式就是先透過建築設計解決，再於窗口外側添加景觀，提供庭園的綠意。如此一來，才稱得上是真正能夠讓居住者享受庭園之美的設計。

由建築師田頭健司所設計的「北畠之家」，地點位在一處住宅區內。田頭先生先光藉由前方的內置車庫拉開住屋和道路之間的距離，取得屋內的寧靜。然後，在內部的起居空間內，設置了兩座靜謐的中庭。為了讓所有的房間都能感受到四季的變化，田頭先生留意了所有的細節，包括窗口的形式和方位的配置。走在屋內，綠意隨處可見，是個名符其實的享綠住宅。

扁柏之家（愛知）

設計：積水房屋
建築設計室・加藤誠
施工：積水房屋
基地面積：964.07m2
建築面積：164.70m2

「扁柏之家」位在密集住宅區，照片中是它唯一一處面向街區開啟的窗口。綠意夾在二樓的緣側和街區之間，營造出一方令人心曠神怡的角落。

29.

植栽的高度為二樓窗外提供綠意與花景

傳統上，日本的住屋向來以平房為主，二樓獨棟透天的住屋只有短短數十年的歷史。因此日本的庭園造景也一向是以一樓的視線做為主要考量，植栽大多不會太高，甚至會刻意限制樹木的高度。但是反觀西方的庭園造景中，從來不曾有植栽高度的限制。

然而，現在的日本住屋中，二樓獨棟透天已成主流，近來許多人家甚至把客廳安排在二樓，於是，為二樓的窗口提供綠意也就成了庭園設計的一個新重點，庭園的植栽也有了高度上的需求。因為我們不可能要求居住者走到陽台或窗邊，上而下地俯瞰一樓的綠意，因此二樓的綠景就取決於樹木的高度；比起俯瞰樹木的綠意，能夠從水平看見的話是最好的。

這是由積水房屋的建築師加藤誠所設計的「扁柏之家」，我刻意在二樓無法開啟的固定窗外，種植了大量的四照花。因為四照花是整株樹都會開花，如此一來即可讓居住者從二樓也能近距離地享受到花景和四季的變化。

30. 容易規畫又容易照顧的北庭

一般大家都以為，住屋的好壞就看它的庭園是否設在基地的南側，因為南側擁有較長的日照時間。不過就庭園本身而言，設置在南側其實未必一定就好。

舉例來說，我經常選用樹幹較細又沒有下枝的樹種，往往會因為和其他的植栽爭取日照，而越長越高。這類樹種其實更適合種在因為住屋的遮蔽，而造成無日照或半日照的北庭。若是將它（譬如楓樹）種在基地的南側，則必須先種下枹櫟、鵝耳櫪或加拿大唐棣等這類比較耐得住烈日的高木，先製造出樹蔭，然後再把這類樹種在它們的樹蔭下。但是還得特別留意，這些為了製造樹蔭的高木，通常生長速度較快，綠葉數量增加的速度也快，要是疏於照顧，不出幾年，院子就會長成一片陰暗的樹林。而且要是任由它們自然生長的時間過久，往往就很難再控制它們生長的速度。

除了樹幹較細，沒有下枝的樹種之外，北庭還適合種植一些樹葉不多，而又會開花的樹種，比方說生長速度較慢的四照花。我家的北庭就種了一株高約五公尺的四照花，種了二十年也僅長高一公尺。這類樹種不僅適合種在北庭，也適合種在中庭裡，或任何因為住屋遮蔽了日照的位置。如果想把它種在南庭也行，只要利用鄰居住屋的陰影，一樣可以種植。不過種在北庭有個好處，就是給水不必那麼頻繁。種在南庭的話，夏季每天都得澆水，但是種在北庭，因為住屋陰影的關係，基本上需要的水量大約只有南庭的三分之一。移植三到五年之後，甚至光靠雨水就能自然生長，幾乎不必澆水。不過如果四周還種了其他園藝品種的花草，當然還是必須適量給水。

庭園設計最高難度的地方，莫過於必須配合日照的情況選配植栽。若是考慮得不夠周延，樹木很容易就枯死。要把比較耐不住烈日的樹種種在南庭，一定得先在向陽處種下幾株能耐烈日的樹種。總歸一句話，日照時間較短，日照量又穩定的北庭，其實不僅比較容易規畫，植栽也更容易照顧。

H house（大阪）

設計：藤原建築師事務所／藤原誠司
施工：天馬工務店
基地面積：258.24m^2
建築面積：150.65m^2

由於北庭的樹木會朝向南方生長，從室內的方向來看，植栽就全都面朝屋內，從屋內便可以享受到自然的植栽表情。這張照片是由藤原建築師事務所設計的「H house」中，由我負責設計的北庭。在有限的日照下，樹幹維持著原本的纖細。因為窗口朝北，欣賞庭園的綠意時，完全不必擔心日曬。

良「庭」在北

31.

縮小建物 豐富綠意

近來日本的住屋開始逐漸形成了小而美的趨勢；不再像過去那樣，非把基地建滿不可，而會刻意縮小建物，然後導入綠意。這樣的做法，我想和在傳統日式茶室所具有的價值觀應該有著密不可分的關係。茶室是個泡茶、接待客人的空間，但是茶室本身的設計卻極度簡約。不過，在茶室的外頭一定設有「露地」（茶庭），而且露地的植栽必定會盡可能保留自然的山水景致。這正是我最想透過住屋表現的日本特有審美觀。

我們常聽人說，「我家土地這麼小，怎麼可能有院子！」其實，正如我在二十一頁說過的，即使只有半坪的空間，也能打造出一方庭園。在有限的土地上，院子不必求大，只要把住屋稍微內縮一圈，或者位置稍稍挪動一些，就會出現一塊足夠栽種植物的留白空間，大大提升居住環境的舒適度與魅力。

由建築師高野保光所設計的「宇都宮的家」，正是一間透過住屋內縮的手法，打造出內外兩座庭園的經典之作。高野先生巧妙地在住屋的正面畫出一條斜線，不動聲色地挪出花圃的空間，又在門廊的兩側進行綠化，實在不得不說他的手法真是高明。

這棟住屋的基地原本比道路高出了大約六〇至七〇公分，之前經過這裡都必須抬頭才看得見住屋的玄關門。結果經過高野先生的鬼斧神工，從道路到門廊再到庭園，製造了一條自然的弧線——他撤除了一部分的擋土牆，又分別在門廊和玄關裡設置了小階梯，儘管基地內階梯的高度不大，卻完全化解了道路和基地間的高低差。

宇都宮之家（栃木）

設計：遊空間設計室
施工：渡邊建工
基地面積：190.90m^2
建築面積：73.67m^2

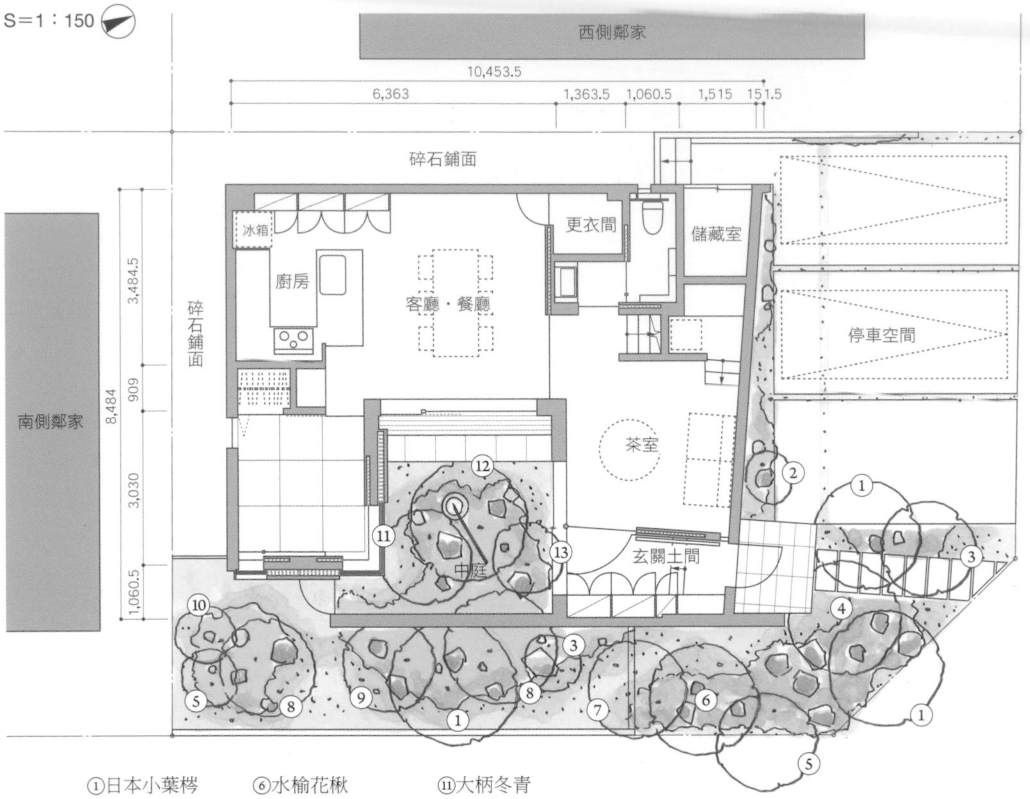

①日本小葉梣
②日本莢蒾
③疏花鵝耳櫪
④枹櫟
⑤具柄冬青
⑥水榆花楸
⑦肥前衛矛
⑧小羽團扇楓
⑨柃木
⑩昆欄樹
⑪大柄冬青
⑫四照花
⑬含笑花

和玄關連成一氣的窗口，由於高度配合了坐在茶室沙發上的視線，讓人很自然地就會看向中庭。

從玄關望向中庭，會不自覺地跟隨著植栽的氣勢，形成一條向右轉的隱形動線。

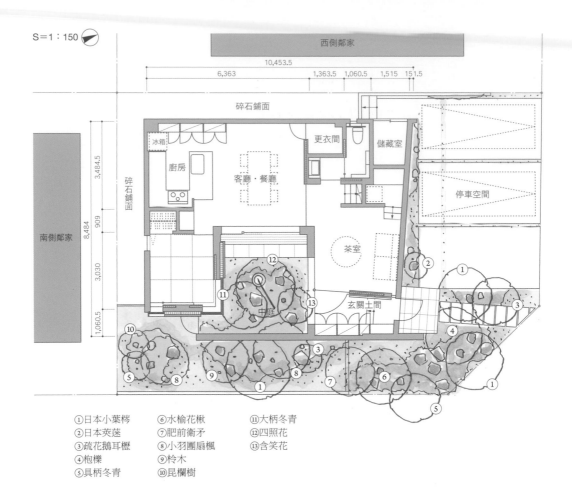

透過地窗營造低處視線的綠景

和室裡以地窗做為開口，從左邊的地窗可以看見中庭低處的綠意，從右邊則可以穿越外庭的綠葉，望見戶外的光景。

基地的南側建有鄰居住屋，加上東側和北側有櫸木板鋪成的步道和綠地，因此高野先生把庭園安排在面東的位置，一樓的部分設為高度隱密的中庭，二樓則設成陽台，形成一方既能享受四周綠意，又可盡情享用庭園綠景的空間（請參照五十八頁照片）。由於陽光是從中庭的右手邊（南側）照進來的，為了讓植栽看起來更美，我們利用了以泥作牆面為背景等手法，凸顯出庭園全方位的存在感，營造成一處能夠時時可以欣賞到庭園美景的住屋環境。

在大柄冬青、四照花和含笑花的混植林區下方，種植了紅蓋鱗毛蕨和砂蘚，另外還放置一只水缽，增添庭園的詩意。

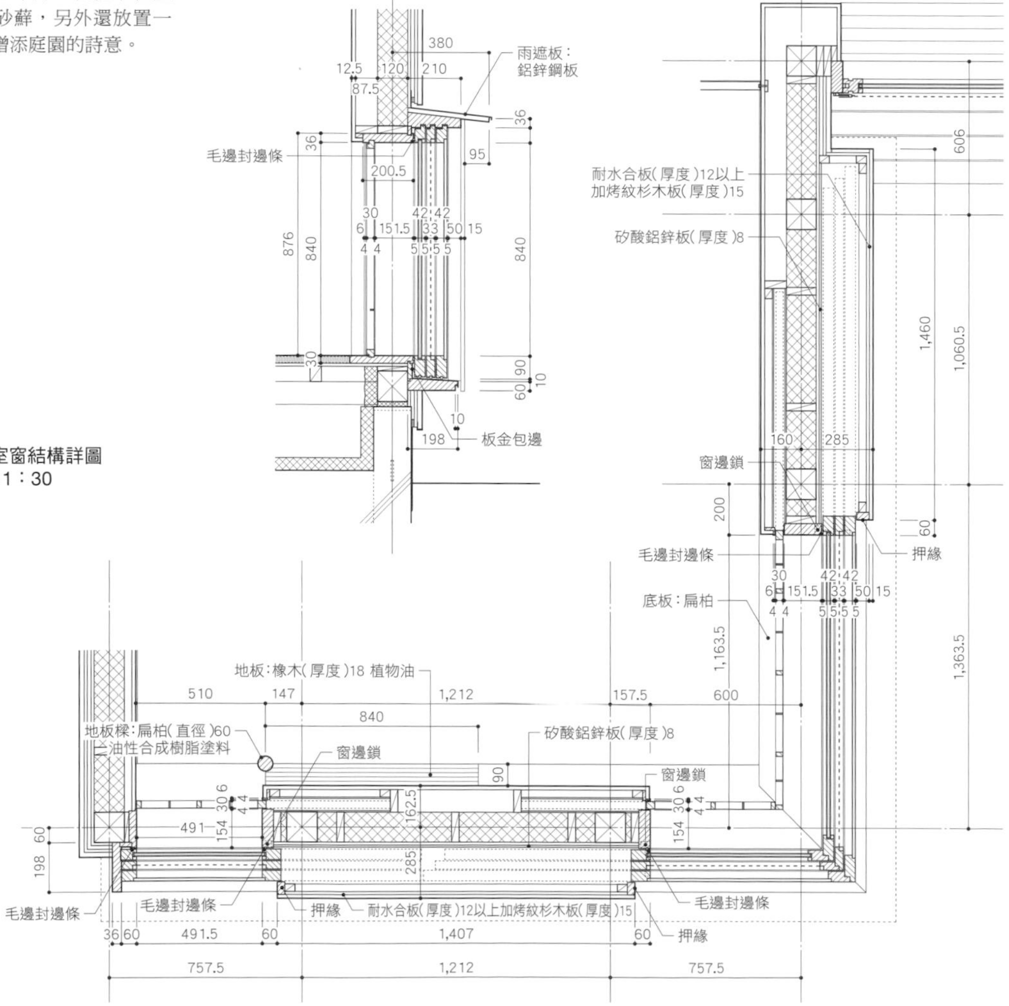

和室窗結構詳圖
S＝1：30

 圖面提供：遊空間設計室

32.

賞綠空間

「宇都宮之家」二樓的陽台配合著戶外的景致加蓋了一道獨立牆，隔著圍牆導入了入屋邊樹林的綠景，使之成為庭園景致的一部分。

由於屋主對庭園情有獨鍾，因此建築師田頭健司特別為他在主屋旁邊，增建了這棟「小阪的客屋」。我則盡量讓植栽靠近這棟小屋，好讓室內可以更清楚地感受到枝幹和樹蔭的自然美。

33.

為每日使用的廚房提供美景

規畫庭園的時候，我最重視的就是廚房的視野。現在的廚房大多是開放式的，因此我會盡量在廚房的正面，亦即在廚房的視線範圍內種樹。又因為廚房是每天必用的空間，我也會想多種一些開花植物，讓居住者更清楚地感到季節的變化。說不定一邊作菜一邊欣賞綠意，做出來的菜會更香更好吃（笑）。

由建築師高野保光所設計的「成城的家」（外觀請參照二十八頁照片），為了讓每一個房間都能看到庭園，高野先生特別把住屋的四周全部設成庭園，因此站在廚房裡，四面都能看見室外的院子。連同上面這張照片的背後（北側）的料理區正面，也設有一面獨立窗口，可以一邊作菜一面欣賞北庭，儼然是個全方位的綠色廚房。

34.

讓客廳的座椅朝向庭園

或許我可以這麼說，造園師最大的敵人莫過於電視機。因為絕大多數的家屋裡，客廳的沙發都是面對著電視、背對著庭園擺放。所以每當遇到坐在沙發上就能望見窗外庭園和戶外風景的住屋，心裡總是特別開心。也許沙發的方向正是分辨住屋設計好壞的一大關鍵。

由建築師橫內敏人所設計的「內庭・外庭之家」（外觀請參照二十四頁照片），客廳面對庭園方向，上下全面敞開；坐在那張太師椅上，即可望見庭園內的整株高木（日本小葉梣、小羽團扇楓、四照花）。

35.

讓人早晨醒來心情清爽的臥室

不知道你是否曾經想過，要是每天從臥室的床鋪上醒來，都能像在森林中迎接早晨，在溫柔的晨光中聽著鳥兒的鳴囀，那該有多好！早晨的陽光具有啟動生物時鐘，讓人清醒的功能，所以臥室最好設有一面晨光照入的窗口。在窗口附近，最好也能栽培綠意。這麼一來每天早上便能享受到經過綠樹的過濾、穿越樹間的溫柔晨光。

在建築師前田圭介所設計的「群峰之森」裡，讓臥室彷彿處在樹林中般舒適。兩面大開口外側種滿大大小小的植栽，還能聽到外頭小河潺潺的水聲。這個顛覆了一般封閉式臥室、採用開放式設計的大膽構想，也透過圍繞在窗口周圍的植栽，營造出宛若被一簾綠色帷幔包裹的靜謐，讓人感覺格外平靜。

刻意切齊外頭庭園的地面和房裡床鋪的高度，又在四周鋪設了碎石，讓內外融為一體，前田先生不斷嘗試讓居住者能在大自然中甦醒的用心，令人感佩。

36.

這是建築師彥根明所設計的「House M」裡，浴室外的小庭園。配合無日照的環境種植了常綠植物，銳葉新木姜子、紅蓋鱗毛蕨、頂花板凳果、狹葉黃精、闊葉山麥冬，一整年都能欣賞到滿滿的綠意。

充實沐浴時間的小庭園

若是一邊在浴缸泡澡，也能同時能看到一片綠意，是件多麼美好的事。所以在設計浴室庭院的時候，最好能根據躺或坐在浴缸裡的視線選配植栽。

從浴室的窗口到圍牆（隱私牆），只要一公尺的距離就綽綽有餘了。若是大開口的高窗，植栽以高木為宜；要是配合浴缸的高度，窗口的位置較低，則要以中、低木或花草為主。通常在規畫的時候，我會把浴室想像在河邊泡澡的感覺，而不是露天浴室的那種封閉感。

可能的話，讓窗戶完全敞開，能夠沒有任何隔閡地欣賞綠景最為理想。要是在自家的浴室也能享受到戶外的美景和涼風，搞不好就再也不會想外出去泡溫泉了（笑）。請千萬別說入浴都是在晚上，反正也看不到外頭，也就不需要浴室庭園這種話。因為當你擁有了一間視野良好的浴室後，很不可思議地，你可能會連禮拜天早上都會想鑽進浴室泡個澡。

37.「接風」，創造出氣流的通道

規畫庭園時，一般我們多會把焦點集中在日照和雨水兩大重點上，然而要讓植栽長得好，空氣的流通也是不可或缺的一大要素。在這間由建築師伊禮智所設計的「南與野之家」裡，他特別在圍牆上方開了幾個通風口，讓空氣可以隨風吹進牆內的庭園樹林。甚至連圍牆的下方也設置了通風口，讓植物的足根部也能有空氣流通，以便全面地讓庭園維持在健康的狀態。

我個人會建議在規畫圍牆的時候，最好先充分了解住屋四周空氣流動的狀況，再為庭園設想出「接風」的最佳方法和位置。要是周圍經常颳大風，則不妨利用綠色圍籬或圍牆先進行過濾，再將所需的氣流導入庭園內。

在室內車庫和庭園之間安排了一道格柵門，目的正是為了保持內外的空氣流通。

38.

照映在障子窗上的樹蔭

為了防止西曬，朝西的住屋一般來說幾乎不會正面設置窗口，不過要是把窗口裝設成一面障子窗，感覺可就大不相同了。室外的植栽會因為西曬形成樹蔭，映照在障子窗上，便有如詩如畫之美。即便沒有西曬，白天的自然光線也會在障子窗上映出大大小小的樹蔭。總之，請務必嘗試讓樹蔭映在障子門窗上頭看看。

谷口工務店辦公處客廳的窗戶（請參照81頁照片）。障子窗上樹蔭搖曳。透過障子門窗特有的透明感，凸顯出植栽的陰影。

39.

以大小數個庭園圍繞生活空間。

「復元・石砌之家」二樓的客廳（上）和一樓的臥室（下）。左右刻意不設置外牆，而改以固定窗的方式，營造出被中庭包夾的特殊空間。

復元・石砌之家（愛知）

設計：積水房屋
　　　建築設計室・加藤誠
施工：積水房屋
基地面積：241.71m²
建築面積：81.76m²

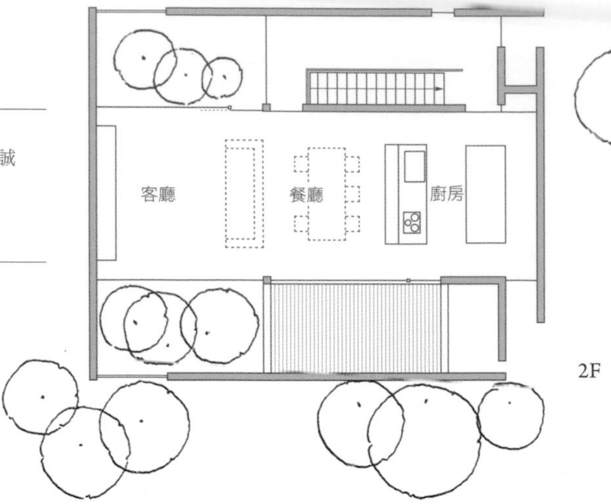

①日本吊鐘花
②日本小葉梣
③枹櫟
④楓樹
⑤鵝耳櫪
⑥四照花
⑦水榆花楸
⑧青木

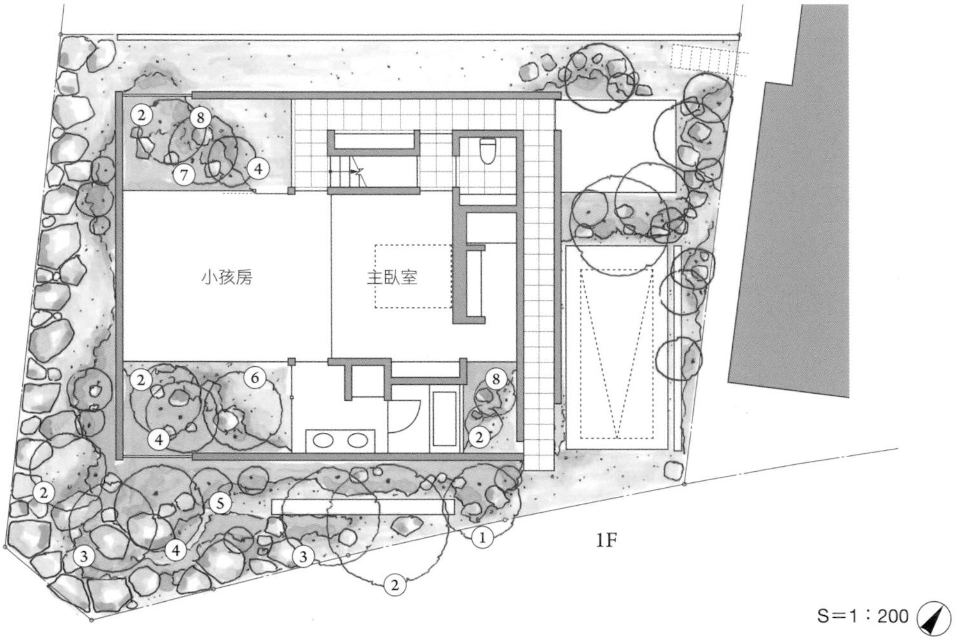

由積水房屋建築師加藤誠所設計的「復元・石砌之家」，是一個把庭園融入生活，將住屋和庭園合而為一的設計案。加藤先生以三座庭園包夾住整個起居空間，不論在哪個房間都能看到庭園。其中，最值得一提的是二樓的客廳。夾在左右兩邊中庭的中間，且以玻璃牆面對著中庭，人在客廳裡就彷如身處樹林中。

一樓的臥室同樣設置了兩面玻璃牆。一樓可以欣賞到花卉、草類和樹幹，二樓可以欣賞到樹木的枝葉。外牆局部設置成格柵牆，既可保護室內的隱私，還能預防植栽悶濕，讓植栽和居住者都能享有舒適與清新。同時也適度引進陽光，讓空間不至於感覺陰暗。整體來說，是一間可以充分享受庭園生活的住屋。

在庭園裡，我種了幾株樹幹下半部不長出枝條的楓樹。一般來說，這類樹種若種在南側，常會出現樹幹乾枯、或者下半部長出枝條、樹形走樣的狀況，但是這間房子因為沒有直射的陽光，正好類似森林的環境，因此楓樹仍舊能長得很好。除了楓樹之外，我還加入了一些喜歡半日照環境的山礬和四照花。

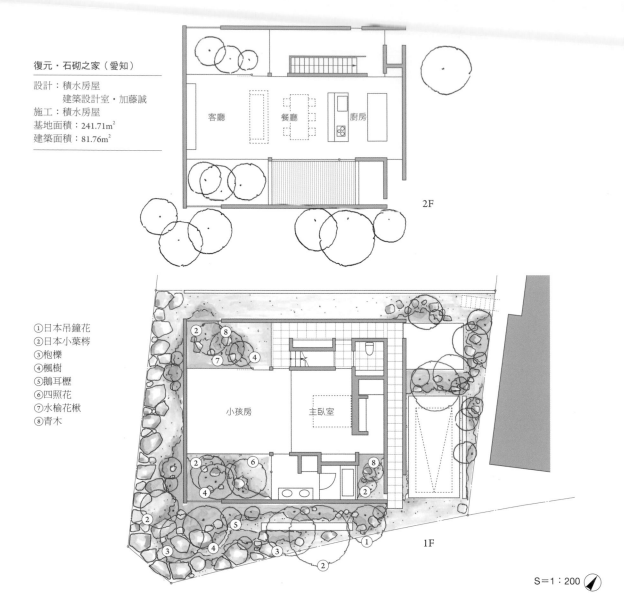

40.

不影響內外連結的窗口設計

完美的連結
轉瞬之間
庭園近在咫尺

「復元・石砌之家」還有一點值得一提。為了不影響室內與室外的連結性，加藤先生仔細地規畫了四周的窗口。他捨棄一般家用的窗口尺寸，而採用了大樓專用的固定窗（Low-E複層玻璃），並且採隱藏式的窗框設計。如此一來，室內和庭園之間感覺僅有一窗之隔，形成了內外的一體感。室內和窗外的圍牆同色，甚至讓一樓室內和庭園的地面平行，產生極度完美的連續性。

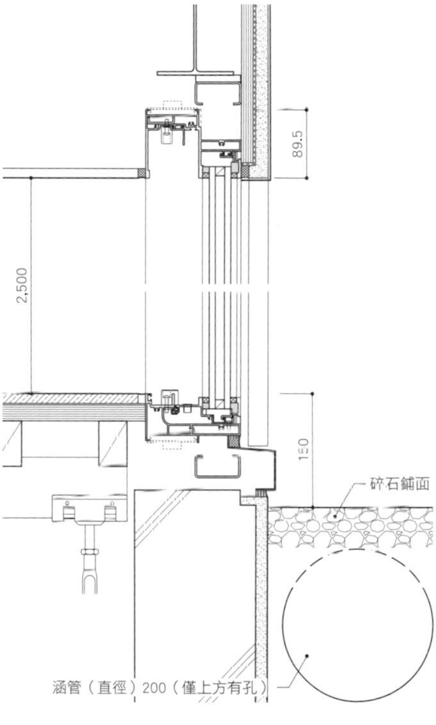

一樓窗口週邊詳圖
S=1：10

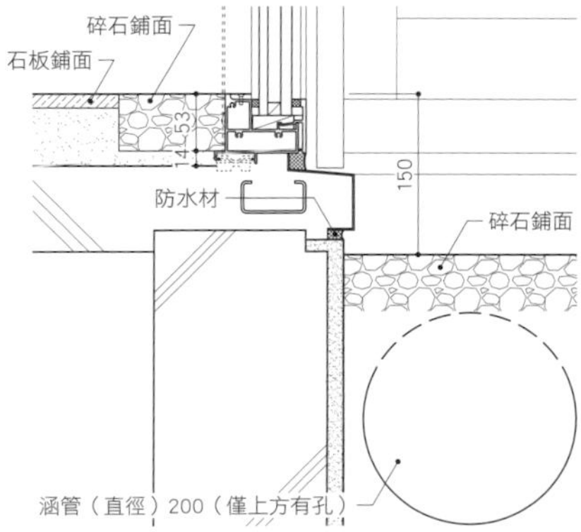

為了製造住屋外牆和戶外圍牆之間的連結感，將窗框埋入牆壁裡。外頭所有的物件都會在屋內形成陰影，類似照片中的光影效果，卻又不至於刺眼。再將土壤填補到與室內的平面同高，打造出庭園與室內地板的連續性。為了防止滲水的情況發生，特別埋下涵管，讓多餘的水分能順著涵管流入下水道。

木製格柵詳圖 S＝1：10

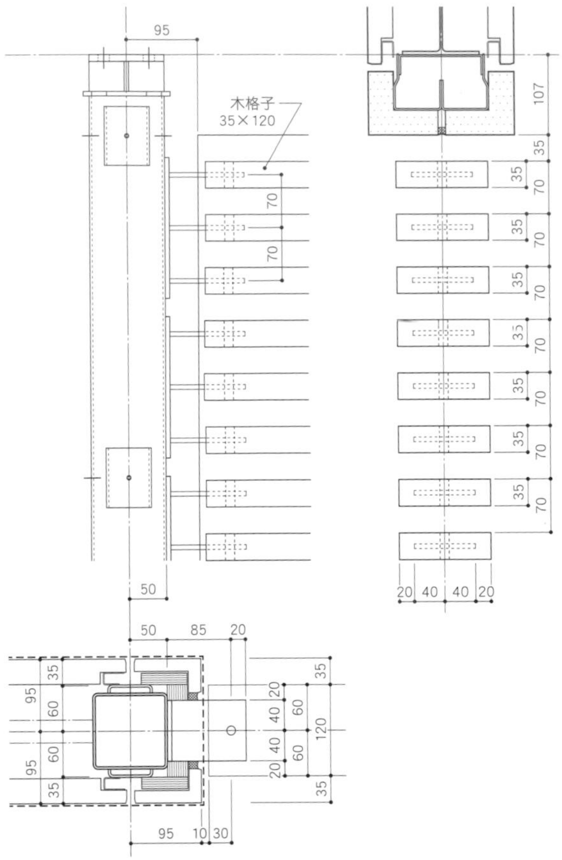

木製格柵詳圖 S＝1：80

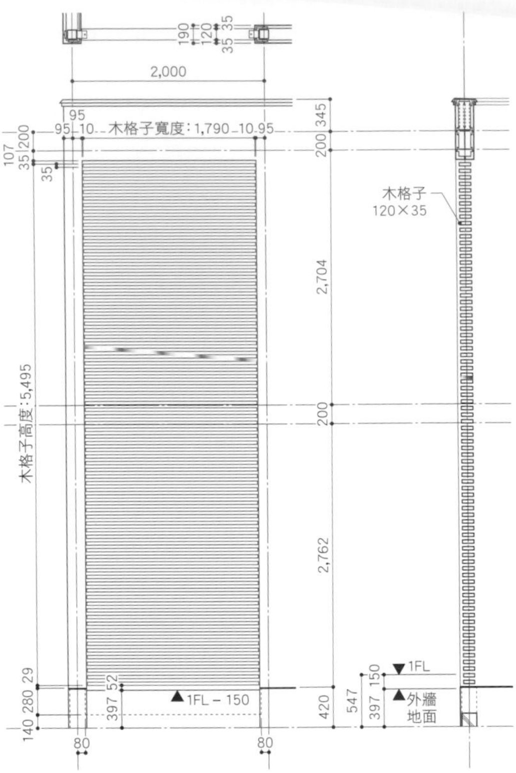

由於外牆採用容易凸顯綠意的白色，為製造整體的一致性，地基也塗成白色。另外，為了維持工整的外觀造形，將雨水管設在外牆內，作成隱藏式排水。

此外，居住者在家時不用擔心來自外頭的視線，庭園外側設有圍牆，因此無需使用窗簾。可以望見公園和遠處山巒綠意的方向則設置了一面格柵窗，除了這扇格柵窗之外，外牆和圍牆上沒有其他開口。不過在住屋和道路之間設有外庭，既提供了街區綠意、也避免給鄰居產生壓迫感。木製的格柵窗特別採用了從室內可以看見戶外風景的尺寸，還利用了內外的高低差，選擇了較寬的木格子，行人從路邊這側完全看不見室內的情景。我由衷佩服加藤先生對於細節的規畫，觀察之細微、作風之高明，簡直無人能比。

41.

從不同高度都能欣賞的庭園景致

由藤原愼太郎和室喜夫兩位建築師所共同設計的「關屋的家」，是一間以四公尺×四・四公尺大的中庭為中心，採迴廊式設計，四周環繞著LDK、臥室、小孩房、浴室、盥洗室的平房住宅。窗口全面朝向中庭，不管從哪一個房間都能看見庭園。最有趣的是，它雖然表面上是個平房，但其實室內地板設有高低差，亦即可以從不同高度欣賞庭園景致。LDK對面的小孩房，地板高度較基地地面低約七〇公分，但天花板的高度與LDK齊平，窗口可全面展開，形成一間視野非常開放的空間。

兩位建築師還在小孩房內窗口的下方，設置了與基地地面同高的書桌，坐在桌前的高度就相當於從地面望向庭園的視野。相較於六十六頁「復元・石砌之家」從二樓可以望見樹木上端的枝葉，「關屋之家」則是由下往上，能近距離地觀賞植栽。

這棟住宅由於經費有限，我加大了庭園中碎石鋪面的面積，並且考量到居住者的視線容易朝向地面，因此混入了可讓落葉不至過於明顯的褐色碎石。樹木則集中種在靠小孩房這一邊。

斷面圖 S＝1:50

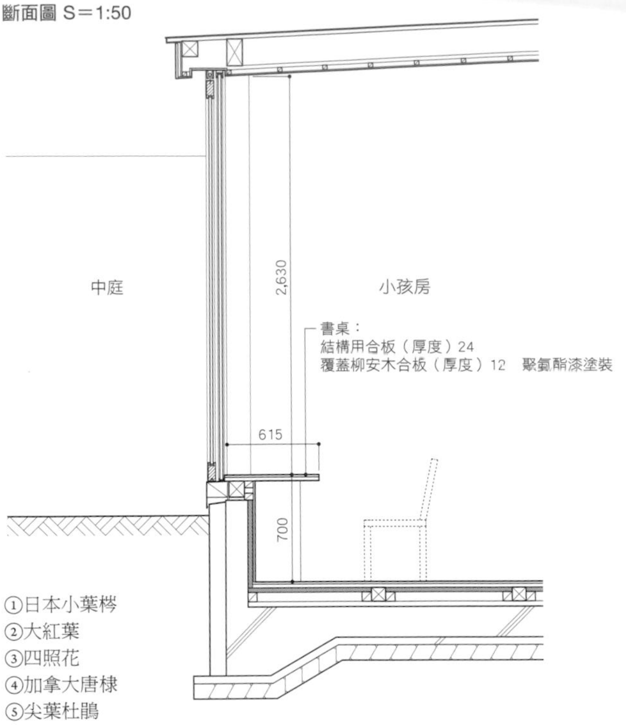

①日本小葉梣
②大紅葉
③四照花
④加拿大唐棣
⑤尖葉杜鵑
⑥胡椒木
⑦日本莢蒾
⑧草莓樹

S＝1：200

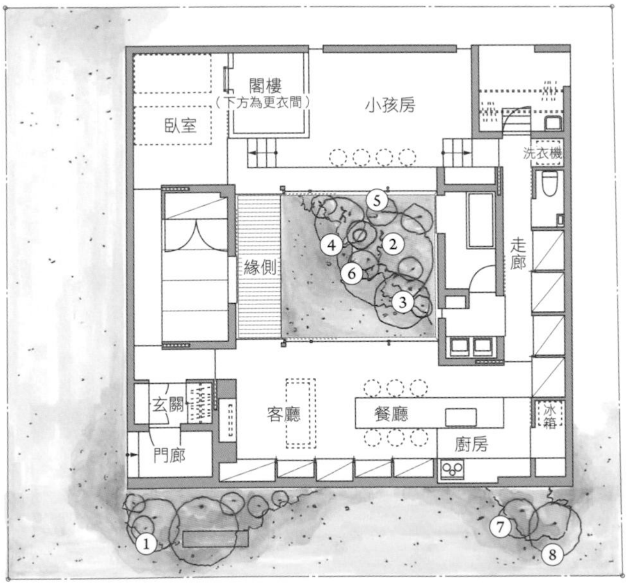

關屋之家（大阪）

設計：藤原・室建築設計事務所
施工：JOB房屋
基地面積：240.68m²
建築面積：119.68m²

小孩房由於地板較低，並在窗邊設置了書桌，坐在桌前欣賞庭園的視線等於是從地面舉目上望，植栽近在咫尺。LDK面朝庭園的窗口全數採用固定窗。連結LDK和小孩房的緣側則地基較高，也較庭園的地面稍高，坐在緣側邊又是另一種親臨大自然的感受。

42.

中庭為主軸，每一個房間都能看見庭園

我將屋主太太之前悉心照顧的盆栽一一種入「內庭・外庭之家」的中庭裡。其他草類也交由她自行選配喜歡的樹種。

如果你想擁有一處可以絲毫沒有任何使用顧慮的自家庭園，建議你選擇隱密性最高的中庭。擁有這樣一個可以安心朝著中庭打開門窗的住屋環境，肯定舒適又自在。

在由建築師橫內敏人所設計的「內庭・外庭之家」裡，共設有內外兩座庭園。設計時橫內先生以中庭為主軸，仔細考量過每一個空間與庭園之間的關係，甚至包括家具的擺設都經過精心的安排。

面向庭園方向的地方，橫內先生都特別訂製了長椅和沙發，讓我這個造園師看了都情不自禁打算卯盡全力，非得設計出一座全方位皆美的院子不可。我在中庭裡安排了兩座假山，地面則鋪滿溝葉結縷草，從一眼可以望遍整座庭園的廚房看過去，焦點會在種在假山上的茂密植栽，而從視線較低的和室看過來，則是假山邊的草類植物。透過落在中間草皮上的樹蔭，還能享受到四季變化帶來的特殊表情。

特別值得一提的是，這個案子又讓我多學到了一個設計手法。橫內先生在內庭和外庭各設置了一間戶外儲藏室兼工具間。我想了想，的確，幾乎沒有人家會把使用後的水管或岩鍬收到家裡頭，一般都是直接丟在外頭的。要是有了一處可以存放園藝工具的空間，不論實用性或美觀的層面，都非常方便。或許是橫內先生的設計發揮了功效，據說後來屋主太太每天都埋首在園藝中，樂此不疲。

內庭・外庭之家（大阪）

設計：橫內敏人建築設計事務所
施工：CORE建築工房
基地面積：328.65m²
建築面積：177.91m²

※外觀說明請參照24頁

外庭的儲藏室（上）和內庭的儲藏室（下）。兩個空間內皆設有水龍頭，可拉出水管直接為植栽給水。

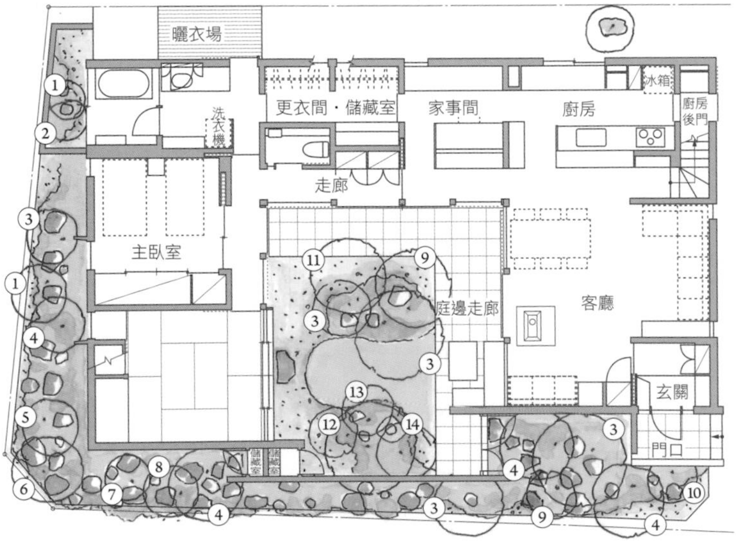

①薯豆
②銳葉新木姜子
③日本小葉梣
④楓樹
⑤藍莓
⑥斐濟果
⑦少花蠟瓣花
⑧水榆花楸
⑨四照花
⑩薯豆
⑪小羽團扇楓
⑫佗助茶花
⑬加拿大唐棣
⑭腺齒越桔

S＝1：200

來自鄰居的季節驚喜

這是「南與野之家」（庭園全景請參照64頁）的屋主S先生寄來的照片。信上說他春天在院子裡修剪花木、翻土植草的時候，意外發現庭園圍牆的地窗外竟然開滿一叢鬱金香！顯然S先生收到了一份來自鄰居的季節驚喜。

43-54
RECIPES
OF
TOSHIYA OGINO

3

享受庭園時光的戶外客廳

家人相聚、好友來訪時，圍坐在院子裡的餐桌，吃飯、喝茶、聊天！一旦擁有了庭園，你也可能實現這樣的夜晚和休假日。接下來的這一章，我想為讀者介紹一下，如何打造一方精彩的庭園空間，以及享受戶外客廳的具體方法。

43.

將庭園視為室內格局的延伸

我恨不得向所有已經或者正打算在家中庭園裡，設置木棧平台的屋主大聲疾呼，要是空著不用，就太暴殄天物了！你當然也可以坐在屋簷下的緣側邊，悠閒地欣賞庭園的花草樹木，不過我更建議，難得擁有了自家庭園，何不妨在裡頭設置一面能家人一同進餐的平台，把它視為「庭間」，當作是起居空間的延伸，在那裡享受戶外客廳的樂趣？可能的話，我建議平台的面積最好能大到足夠容納家裡的訪客。

除了越大越好之外，平台也要越靠近廚房越好，甚至可以把它視為第二個餐廳。所以不用說，平台和廚房之間的動線當然重要。假設你打算在家裡的二樓再設置一座大大的屋頂陽台，你可能是打算在上頭喝茶、吃飯，可是如果廚房在一樓，要把用具、食材、做好的餐點搬到樓上，結束之後還得收拾餐具搬回一樓，那就太麻煩了。我敢保證，用個一兩次後你就會想，「還不如乖乖留在餐廳裡，輕鬆又省事！」到頭來，你們一家人可能再也不想勞師動眾地跑上跑下，只為了一頓晚餐而特意跑到屋頂陽台了。正因如此，很多人家在院子裡增設了木棧平台後，就幾乎再也沒用過屋頂陽台。所以，我真心建議所有的屋主，把庭園視為生活空間的一部分，並且充分考量平台和每一個房間之間的動線。

在規畫庭園時，一般我會在考量餐桌擺放位置的同時，為平台的四周安排綠意。在由扇建築工房所設計的「家代之家」裡，庭園內設有一面約莫四坪大小的木棧平台。當我看到平面圖，知道浴室就位在平台邊，遂立刻建議先在浴室前栽種遮蔽視線用的樹木，然後平台的另一邊種植高木，將這座「庭間」營造成宛如身處林間一般的空間。

我常看到有些人家會在平台正中央種植低木，可是植栽的枝葉可能會干擾居住者活動，因此若真要種植，不如種一株四～五米的高木。高木下方沒有枝條，完全不會對居住者在平台上的活動造成干擾，而且因為有樹蔭，使用起來會舒適得多。

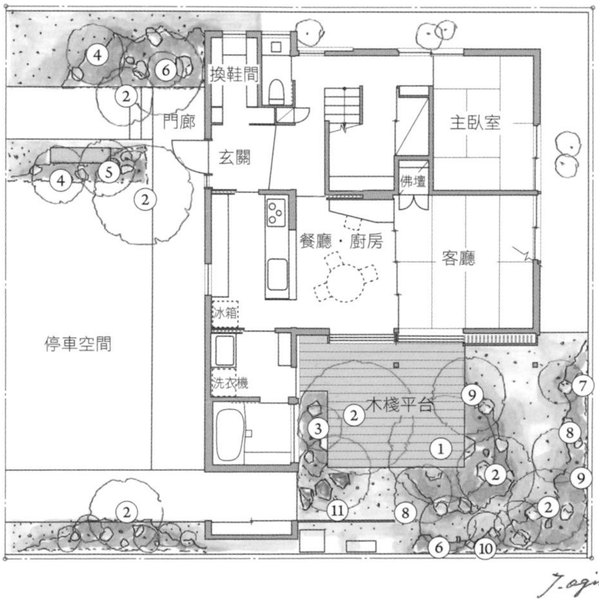

①楓樹
②日本小葉梣
③野村槭
④腺齒越桔
⑤小羽團扇楓
⑥具柄冬青
⑦白木烏桕
⑧少花蠟瓣花
⑨櫻桃越橘
⑩腺齒越桔
⑪肥前衛矛

S＝1：200

木棧平台的兩側種植了高木，形成有如被樹木包圍的空間。天晴時，楓樹的樹蔭映照在平台上，隨著輕風搖曳。平台四周鋪設了碎石，彷若河邊的景致，狀似一間建在河床上的餐廳。據說屋主常在這方平台上招待訪客。

家代之家（靜岡）

設計：扇建築工房
施工：扇建築工房
基地面積：225.51m²
建築面積：76.39m²

44. 在平台上全心招待客人

平台的魅力之一，就是可以穿著室內的脫鞋直接走上去。要是還得換鞋穿，肯定會降低使用頻率。室內地板和平台最好同高，擺在同一個平面。若是連門檻也沒有，那就再好不過了。

「庭間」用的餐桌，我建議最好選擇室內戶外兩用的。市面上買得到戶外專用的餐桌組，但是不用的時候放在平台上，不僅要用的時候得重新擦拭，不用的時候還挺佔空間，甚至得另行準備存放餐桌組的空間。這時候，如果直接使用餐廳裡的餐桌，你就可以隨口說出「今天晚上月亮好美，我們把桌子搬到外頭去吃飯聊天好不好？」不覺得這樣很棒嗎？

「家代之家」裡的客廳因為是榻榻米式的，因此外頭平台擺放的桌子也是個矮桌。用炭爐烤魚的時候，這張矮桌的高度恰到好處。平台邊還安排了一個水缽，在戶外用餐時，可以當作置酒的冰桶使用。也可以把水換成冰塊，然後放入香檳、啤酒，讓大家自由取用。夏天如果放入西瓜，就再完美不過了（笑）。

平台旁邊的復古水缽，可當作置酒的冰桶使用。

採用隱藏式邊框設計的開口，藉以完全連結寬闊的庭園和榻榻米客廳。

45. 木棧平台的材質

木棧平台的材質不妨配合建物選用。如果希望經久耐久，可以選擇黃鐘木或婆羅洲鐵木等硬質的木材，不過價格並不便宜。這類木材因為質地堅硬，走在上頭的感覺可能不那麼舒服。在意的話，只要鋪上一層布料或地毯即可解決。鋪上地毯，再放幾個坐墊、抱枕讓人自在地躺臥也不錯。

如果用的是杉木之類的針葉樹木材，質地較軟，走起來會感覺比較舒服，但缺點是必須定期保養。要是建物外牆用的也是同樣的材質，另一個權衡之計就是同時一起保養平台和外牆，會比較省事。「家代之家」平台的材料用的是無塗裝原木材，保養時只需把損壞的部分換掉即可。

由楓樹和日本小葉梣左右相擁的木棧平台。

46. 使用RC地基讓植物更靠近

一般木棧平台都是以木頭支架支撐，我個人建議，可能的話和住屋一起使用同樣的地基最好。有了地基，就可以沿著地基堆積土石、製造假山，提高土石地面的高度。土石地面的高度一旦提高，會感覺與植栽的距離更近，更容易產生身在花草樹木中的享受。要是無法設置RC地基，也可以改用混凝土空心磚取代。

如果已經用了木頭支架，還是可以鋪設碎石，提高土石地面高度，但是平台下方仍可能陳積垃圾、生出雜草，甚至有小動物出沒，會比較麻煩。要是能夠和住屋共用同一個地基，就沒有這類煩惱了。

泥土和碎石貼著地基，並且盡量讓平台的高度與土石地面同高，高度越相近，會感覺植栽越近。

伊左地之家（靜岡）

設計：扇建築工房
施工：扇建築工房
基地面積：276.45m²
建築面積：116.92m²

47.

①日本小葉梣
②枹櫟
③山礬
④日本莢蒾
⑤四照花
⑥丸葉車輪梅

S＝1：200

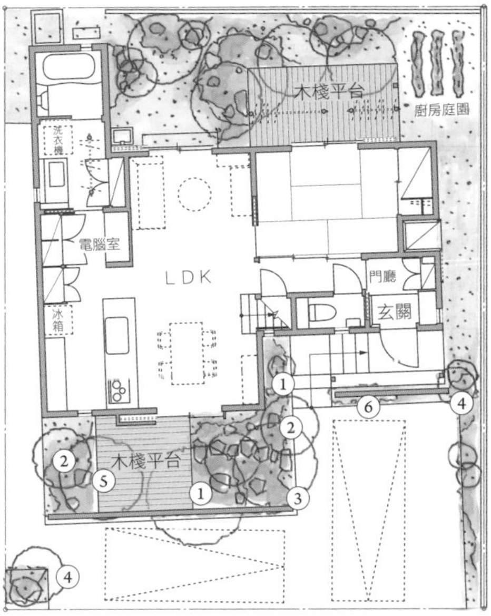

小面積也能設置庭間

只要從客廳和餐廳出入容易，寬度約兩公尺左右，又能大致做到隱私保護，就算面積再小，一樣可以創造一面多用途的木棧平台。由谷口工務店設計的「彥根之家」，就利用了住屋和圍牆之間的空地作成木棧平台，面積雖小，也可以坐好幾個人，混凝土圍牆上還安裝了一座折疊式長椅。

彥根之家（滋賀）

設計：谷口工務店
施工：谷口工務店
基地面積：182.70m²
建築面積：70.48m²

在一塊僅僅2.4公尺×2.4公尺的空間內填土造庭，完成了大約三個半榻榻米（約1.75坪）大小的木棧平台。可以從門廊進入庭園，也可以踏上石階後跨上平台。正面的混凝土圍牆確保了平台的隱私。

48.

缺乏美景的時候

客廳和平台之間透過一條木棧道連結，平台本身則高明地蓋在一塊三角形的基地上。植栽種在木棧道的兩旁，由平台望向客廳，會感覺綠意近在咫尺。由於基地位在道路邊，長椅全部靠牆設置，面朝室內。

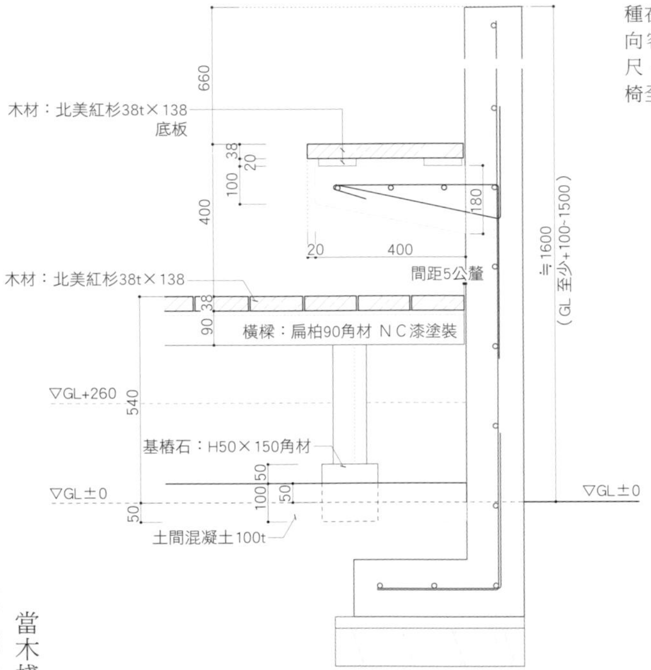

折疊式長椅斷面圖
S＝1：20

當木棧平台週邊沒有漂亮的風景或視野時，我會建議建一道圍牆，然後在圍牆上訂製一座面朝室內的長椅，從另一個角度欣賞自家的住屋、庭園和生活起居，其實也是一種放鬆身心的方式。能夠隔著綠意和家人對話，與其說是小確幸，不如說是一種小奢侈。

谷口工務店辦公處（滋賀）

設計：伊禮智設計室
施工：谷口工務店
基地面積：396.60m²
建築面積：171.07m²

 圖面提供：伊禮智設計室

49.

稍微偏移平台

過去建築師常會就近把庭園設在客廳的旁邊，不過近幾年來觀念有些改變，庭園開始被視為客廳的延伸，因而越來越多人在庭園內設置木棧平台。可是如果把平台擺在客廳窗口的正中間，花草樹木和客廳的距離就會變遠，讓人無法由室內享受到庭園內的綠意。為此，不妨稍微把平台向左或向右偏移，讓花草樹木就種在客廳窗口旁邊；或者也不妨稍微墊高庭園的地面，植栽會更接近窗口，這麼一來到了冬天，也能就近感受到窗外的綠意。

龍田之家（熊本）

設計：伊禮智設計室
施工：住工房
基地面積：215.14m²
建築面積：126.56m²

※二樓平面圖請參照84頁

①日本小葉梣
②楓樹
③銳葉新木姜子
④加拿大唐棣
⑤青剛櫟
⑥枹櫟
⑦扁桃
⑧水榆花楸
⑨羽團扇楓
⑩含笑花

S＝1：200

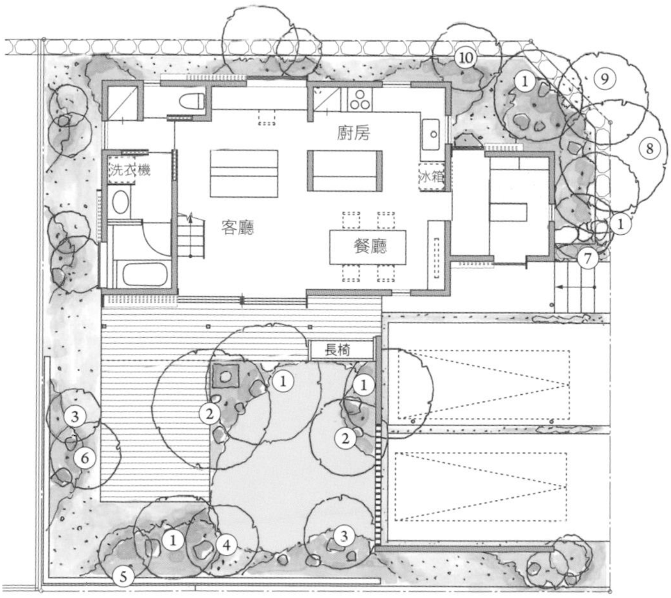

50.

這是兵庫縣Yamahira株式會社的「五軒邸樣品屋」，是讓人能在鋪著草皮的庭園上烤肉圍爐的規畫案。園中實際種植了藍莓和檸檬等會結果實的植栽。

戶外用餐時的建議

在戶外用餐時，吃起來總是感覺特別鮮香美味。或許這正是我們內心嚮往山林的一種野性的呼喚，任誰都不會抗拒在大自然的懷抱裡，圍爐享用美食。趁著大好晴天，在樹蔭下用餐的機會，簡直是可遇不可求的最高奢侈。要是能在自家的庭園裡，那種自在感更是讓人羨慕到無話可說了（笑）。

規畫庭園的時候，我常會安排一些可以食用的植栽，譬如交互摻雜著藍莓、山桑子之類的低木，和迷迭香、百里香之類的香草類花草。這些都是讓人賞心悅目又垂涎三尺的植物。在自家庭園的樹下，吃著自家採收、作成的藍莓醬三明治，是何等幸福的感覺。而我也真心希望自己設計的庭園能夠真正得到善用，荒廢就可惜了。

要是空間足夠，也可以設計一個混凝土造的戶外廚房。雖說是廚房，其實只需要一座流理台和一個料理區就足夠了。需要時，只要擺上一個卡式瓦斯爐，就是名符其實的廚房。比起屋內的廚房，在院子裡作菜更多了幾分休閒感。

照片是由建築師田頭健司所設計的「小阪之家」。田頭先生在可以停進三輛汽車的大車庫上鋪設了草皮，設置為庭園，而我則在上頭安排了臺灣香檬、檸檬等的柑橘類植栽，以及楊梅、加拿大唐棣、山桑子和一些香草類花草，形成一個許多人家求之不得的戶外聚餐空間。

小阪之家（大阪）

設計：田頭健司建築研究所
施工：Archish Gallery
基地面積：346.74m²
建築面積：254.48m²

※剖面圖請參照97頁

51. 都會區也可施行的屋頂菜園方案

①藍莓
②檸檬樹
③斐濟果
④酢橘
⑤酸橙
⑥香草類花草

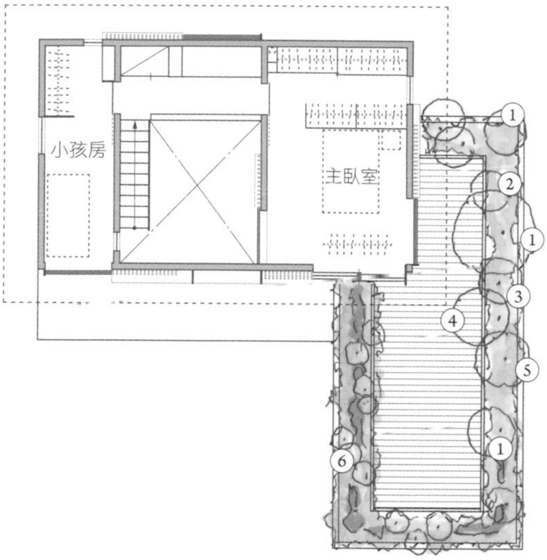

龍田之家
二樓平面圖 S＝1：200

※一樓平面圖請參照82頁

可看可吃的生活庭園

車庫上方的植栽不僅吸引通過的行人駐足觀賞，菜園裡隨著季節改變的果實、紅葉，也成了街坊鄰居閒話家常的話題。這張照片攝於十一月下旬。

由建築師伊禮智所設計的「龍田之家」，在車庫的屋頂設有木棧平台，平台四周則填土造園，規畫成可以種植番茄、藍莓、香草類花草的小菜園。為了支撐土壤的重量，車庫的屋頂特別採用鋼骨樑柱，菜園也只設置在平台周圍一圈。若是把整座屋頂綠化，維護起來會相當費事，但是只有平台四周的話，照顧起來就容易多了。

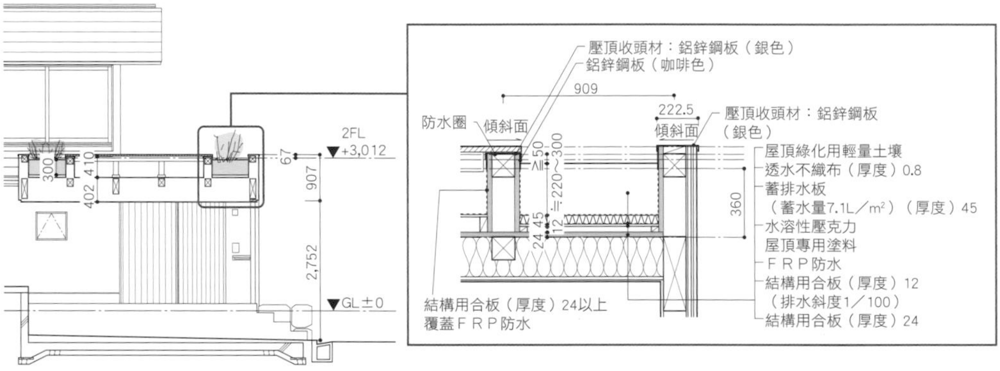

平台的出入口在二樓的主臥室內，出入的窗口刻意設成寬厚的窗框，讓人可以坐在窗邊欣賞屋頂菜園的風景。

52. 陽台上的餐廳

聊完了和室內水平連結的木棧平台以後，接下來我想說一下「陽台」。因為很多時候可能因為住屋所在的位置和條件，並不允許我們規畫出平面的連結。

譬如在鹿兒島，櫻島火山會不時噴發出火山灰，這時建築師多半不會把戶外空間設成完全開放式的露台，而多會在靠近庭園的空間上方加上屋簷或雨遮，並且稍微降低地面的高度，更便於清理灰漬。下方的照片是由唯家房屋所設計的「庭間之家」，庭園內的陽台庭間，上方便覆蓋了一面深達一七五公分的大屋簷，並且與屋內的餐廳相連，平台上還擺放了一套桌椅。每逢假日，家人可能會問，「今天要在外頭吃飯還是裡頭吃飯？」由於陽台面向馬路，植栽的部分當然也必須

庭間之家（鹿兒島）

設計：唯家房屋
施工：唯家房屋
基地面積：166.12m²
建築面積：77.42m²

「庭間之家」的庭間就在廚房／餐廳的旁邊，地板作成夯土鋪面，上頭放置了特別訂製的戶外專用桌椅。在刻意加大的屋簷下，即使下著小雨的日子也能圍爐烤肉，不受影響。

顧及居住者的隱私，因此建築師把由外而內的空間依序安排成：道路↓停車位↓圍牆↓植栽↓陽台，將植栽安排在圍牆和陽台之間，刻意拉遠了陽台和道路之間的距離。

①雅櫻
②楓樹
③含笑花
④隼人三葉杜鵑
⑤日本小葉梣
⑥歐洲杜鵑
⑦四照花
⑧穗序蠟瓣花
⑨中國山茶花
⑩具柄冬青
⑪青木
⑫山礬
⑬三菱果樹參

平面圖 S＝1：200

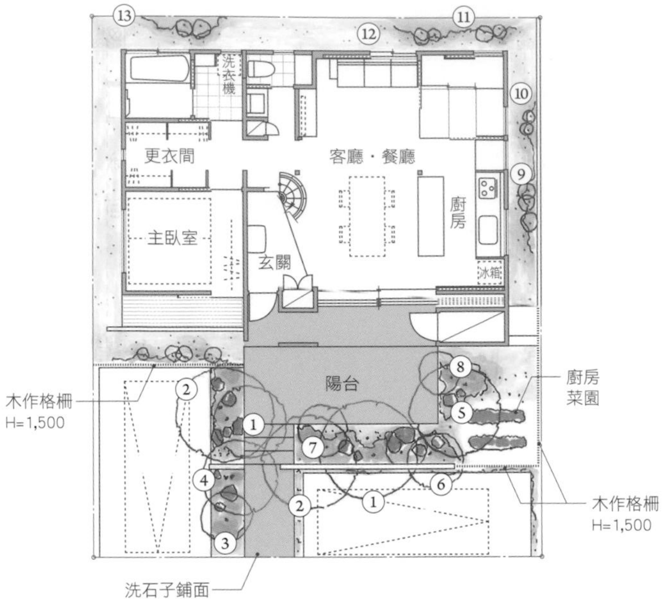

53.

在街區和家之間營造一塊緩衝的空間

在街區和自家住屋之間，安排一塊舒適的緩衝區，是把自然的綠意導入生活的設計中非常關鍵的概念。

在「下田之家」（設計：伊禮智設計室）的二樓客廳外側，有一個帶著屋頂的陽台。這個陽台正是所謂的緩衝區，既可以和街區保持一定的距離，又能隔絕西曬直入室內。下午時分，樹葉的光影落在陽台的木棧平台上，清風吹拂、枝葉搖曳，儼然是一方人間淨土。在這塊私人空間裡，可以清楚感受到陽光、空氣與自然的和諧。

除此之外，我還試著透過一株高達七公尺的日本小葉梣，從一樓的挑空，穿過二樓陽台的地板，直直竄上屋頂。在讓居住者從生活中近距離地感受到綠意同時，在住屋的外側又額外種植了幾株日本小葉梣，形成內外的連結，營造出一種樹原本就種在這裡的氛圍。從外頭看，這棟住屋彷彿是配合著樹木而建的，內斂、低調、謙虛的姿態，任誰看了都會喜歡。

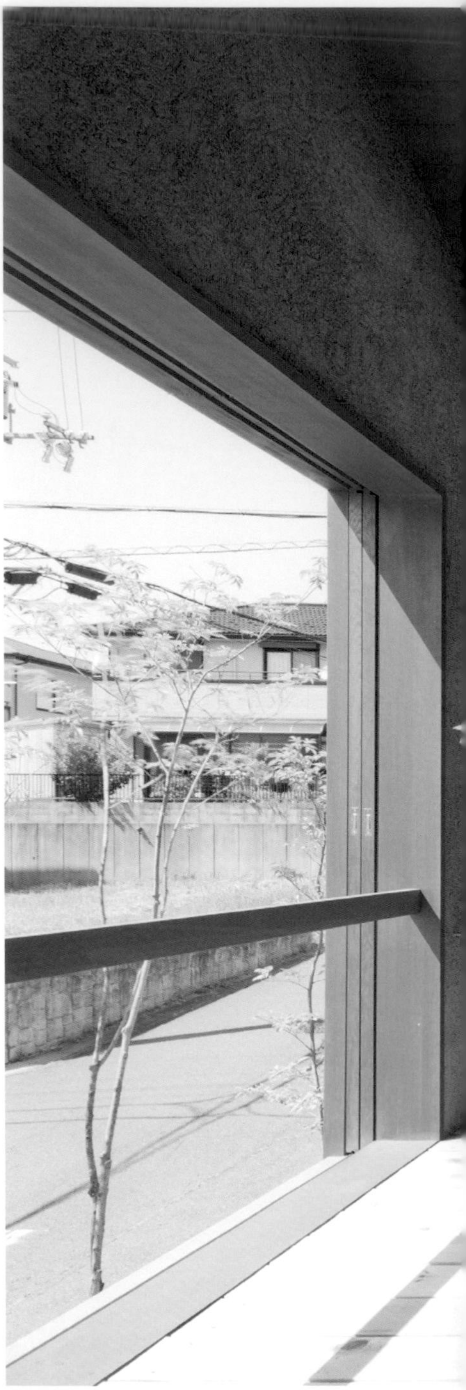

附屋頂的陽台。陽光、空氣與自然的和諧既像在室外又像在室內。

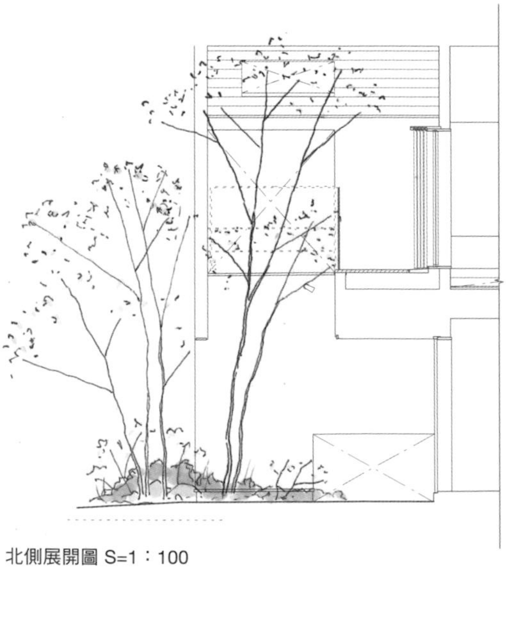

北側展開圖 S=1：100

欄杆立面詳圖 S＝1：20

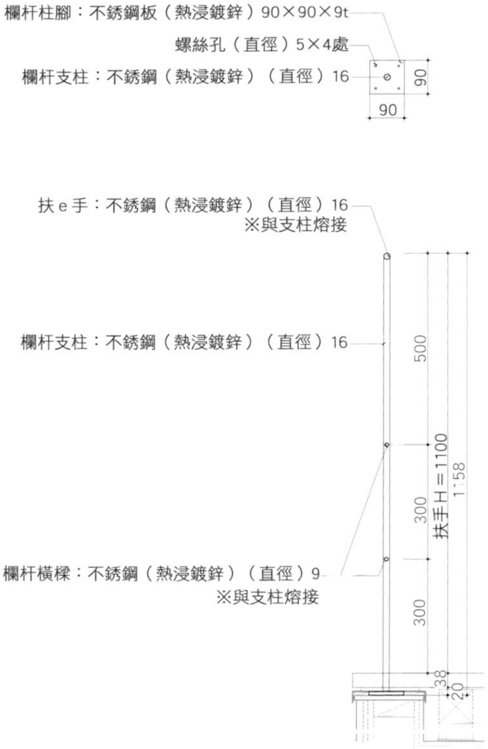

種在一樓挑空處7公尺高的日本小葉梣，穿越陽台，直達屋頂。

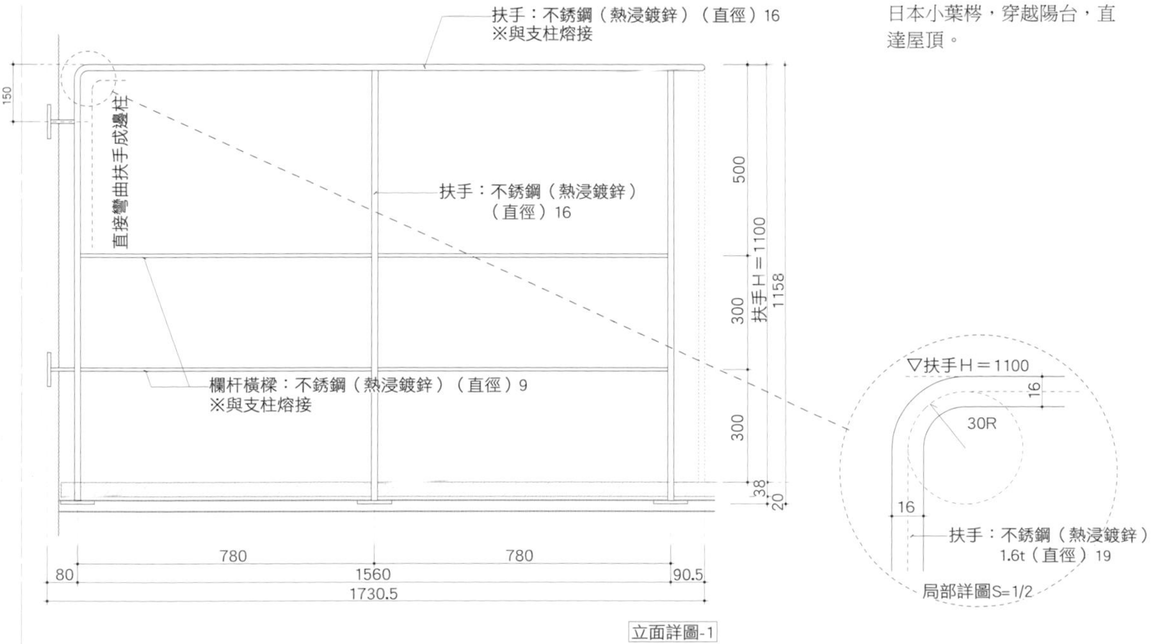

立面詳圖-1

54.

讓樹幹看起來更美的欄杆

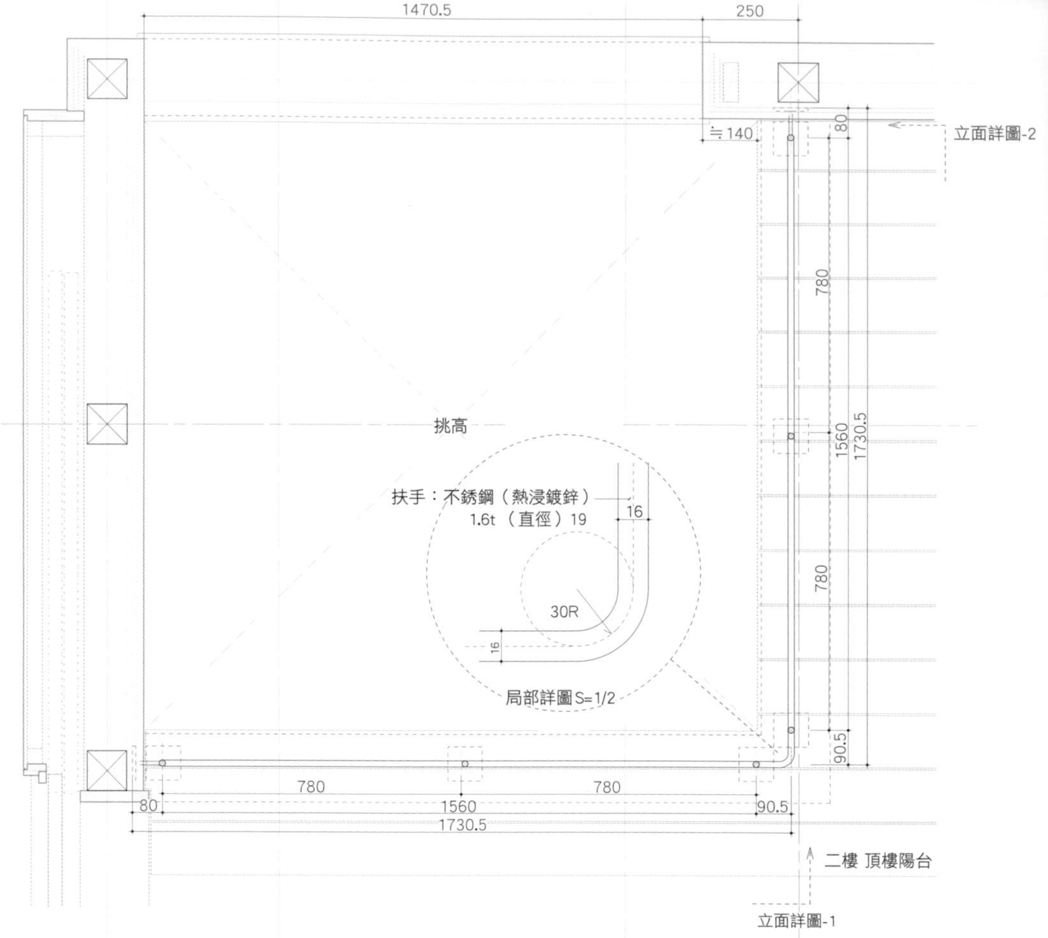

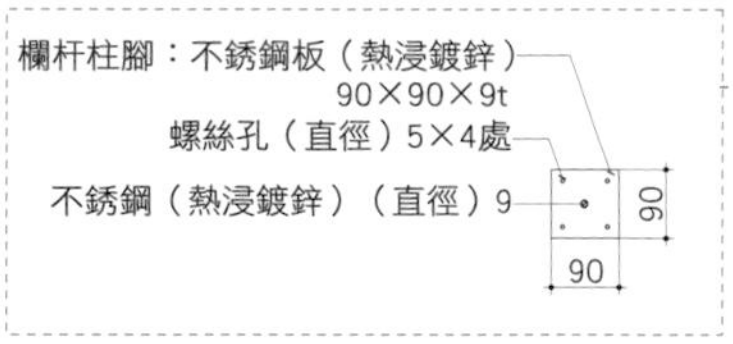

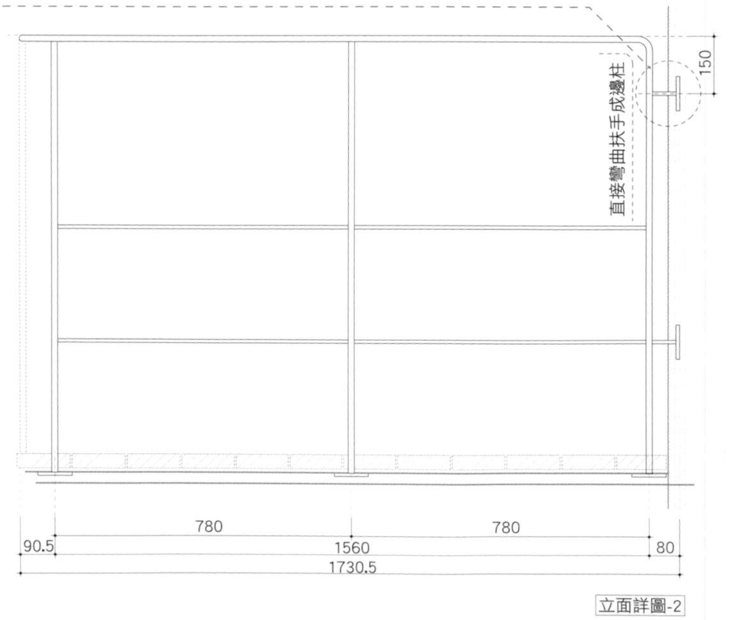

為避免造成視覺干擾，扶手設計力求簡單、雅致為宜。

在生活中打造享受戶外休閒的據點

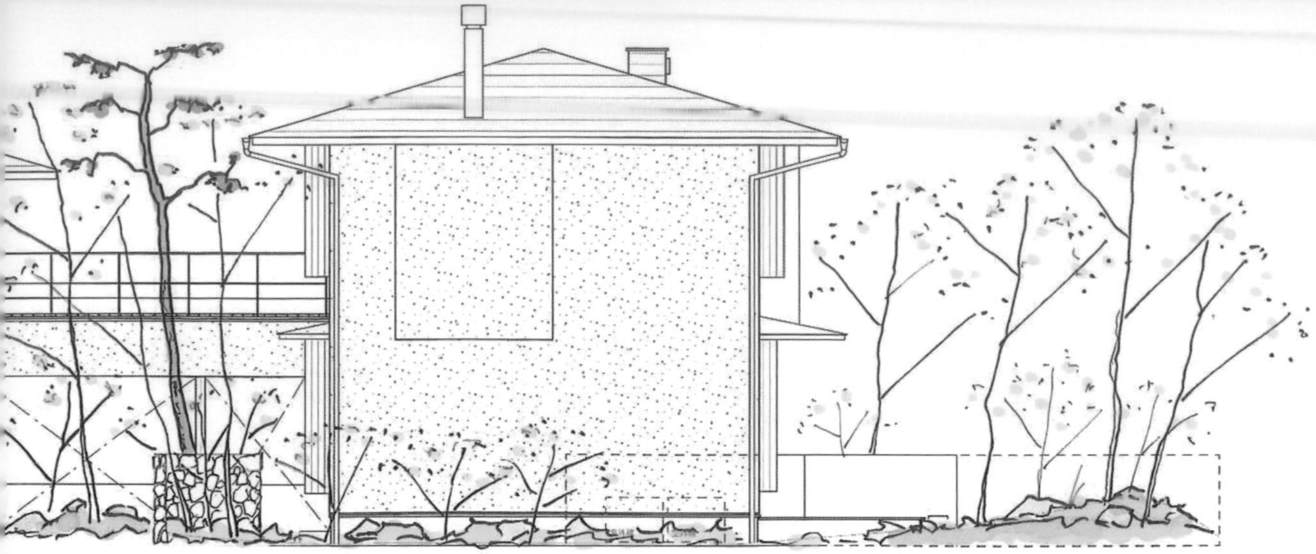

55-67

RECIPES
OF
TOSHIYA OGINO

4

規畫庭園的訣竅與細節

在有限的預算下，該提供多少時間、人力，該挑選怎麼樣的材料，甚至該投入多少心思？要想醞釀出自然之美，勢必需要經過精心的選材和設計，再加上細膩的做工。要言之，品質的好壞取決於你投注多少心思。這一章我們就繼續來聊一聊，讓庭園看起來更美的幾個訣竅與細節。

55. 草坪的魅力

夏天一到，木棧平台經過太陽直射，平台面會燙得沒法在上頭走動，但是草坪的話，天氣再熱，一樣可以赤腳走向戶外，漫步在庭園中。這是因為草皮本身具有調節溫度的功能，即使到了夏天，摸起來一樣是冰冰涼涼的。草坪庭園的好處很多，小孩在上頭奔跑時不會塵土飛揚；在上頭橫衝直撞，萬一跌倒了也不會受傷。夏日的草坪甚至具有降溫的效果，而且綠油油一片，看了眼睛也舒服。這也正是庭園之所以需要鋪設草皮的原因。我們甚至可以說，與其在庭園的地面上種入滿滿的草類植物，不如鋪設一整片實實在在的草皮。

如何搭配組合樹木和草皮，也是規畫草坪庭園時的一大重點。只不過草皮的生命力強，一不留神就會侵入其他植物的勢力範圍，因此，規畫時必須預先在樹木和草坪之間埋設草皮分隔板，以免草皮越界。

建物本身的黑色造形加上一旁的公園綠地，更凸顯了庭園植栽和草坪的綠意。不論從綠地率（Green Space Ratio）或綠化率（greening rate）的角度看，草坪永遠是照拂人類視覺與美化街區環境的最佳選擇。

一旦把界線規畫清楚，既可減少草皮對其他植栽生長的影響，亦可省下不少修剪和整理的麻煩。一般來說，草坪大致分為日式和西式兩種。西式草坪屬於「暖地型」，比較耐熱；日式草坪則較能耐寒，屬於「寒地型」。日本大多數住家種的都是日式草坪常用的溝葉結縷草。至於草坪的保養與維護，其實並不如一般想像中那麼麻煩。我把這部分話題整理在一三八頁，請讀者自行參考。

由建築師彥根明所設計的「House M」，是個以一座大中庭為中心，二面安排了住屋和工作室等兩棟建物的三合院式設計。為了不讓工作室看到住屋，我在中庭內安排了一層軟性的綠色圍牆，截斷視線。從住屋這邊，會若隱若現地看到工作室的黑色外牆，刻意製造一種若即若離的距離感。主要的植栽都種在工作室這一邊，以便將中庭內的高木和附近公園的綠意連結在一起，讓整個住屋空間呈現出一種彷彿置身在樹林中的印象與氛圍。

不過值得留意的是，草皮是一種偏好日照又需要良好通風環境的植栽，務必盡量選種在沒有建物陰影和樹蔭的位置。因此，也必須適度地控制枝葉的生長，避免枝葉過於茂密。

黑色具有強化綠意的效果，更加襯托出植栽的生氣蓬勃。草坪平坦的表情則又凸顯了樹木的律動感和對比性。將此兩大元素結合在「住屋」這個容器或畫框裡，即可形塑出如此這般的和諧與精緻之美。

①日本吊鐘花
②楓樹
③加拿大唐棣
④日本小葉梣
⑤四照花
⑥枹櫟
⑦小羽團扇楓
⑧銳葉新木姜子
⑨矮小天仙果

House M（大阪）

設計：彥根建築設計事務所
施工：JOB房屋
基地面積：534.83m²
建築面積：177.07m²

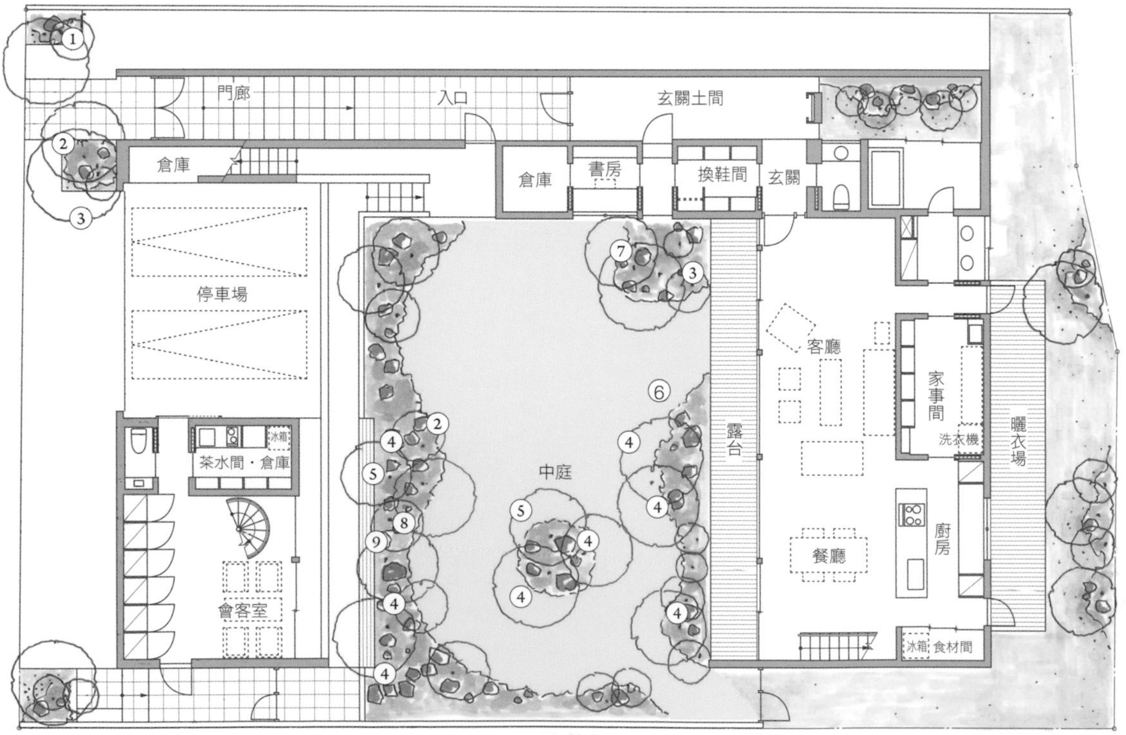

庭園造景圖 S=1：200

56.

配合窗外景致挑選家具

這次規畫設計House M的經驗，其實在我心裡還留下了一個極深的感動。就在工程接近尾聲的時候，有天屋主看著我為他設計的庭園，突然說「希望室內也有能像坐在青苔上的感覺」，隨後他便挑選了一組苔青色的座椅（丹麥設計之父，芬・居爾〔Finn Juhl〕的作品）。一直以來，我始終在乎的只是庭園和室內的整體感和連續性，卻從未意識到室內裝潢和庭園之間的搭配與整合。對我來說，這次經驗也是一次莫大的啟發。

我在工作室邊安排了天然石組，做成假山。大大小小的景石讓我一邊想像這應該是這塊土地原有的地形，同時嘗試在土地上畫出柔和又能令人舒心的線條。假山形成的綠色坡面，不僅增加了由室內可見的綠意面積，更有助於提高居住者的舒適感。

彥根先生則在假山邊築起了一道低矮的擋土牆，並且把牆頂規畫成一條長椅。這條長椅立刻改變了庭園原來給人的印象，也提升了庭園的質感，手法極為高明。由於四周種植了高木，長椅正好在樹蔭下，遂形成了一處可以近距離享受植栽和寧靜午後的地點。

我在工作室的大窗口邊安排了一座假山，正好遮蔽了望向住屋的視線。屋主配合窗外綠意所刻意挑選的椅子，著實叫我感動不已。

照片攝於剛完工時，現在石縫間已經長出了花草，差不多遮住石塊的一半。原本我的計劃就是要讓它隨著時間越陳越有味。這面石塊坡面的上邊就是大車庫屋頂上的草坪庭園（照片請參照83頁）。

小阪之家（大阪）

設計：田頭健司建築研究所
施工：Archish Gallery
基地面積：346.74m²
建築面積：254.48m²

57. 把庭院作成藝術品

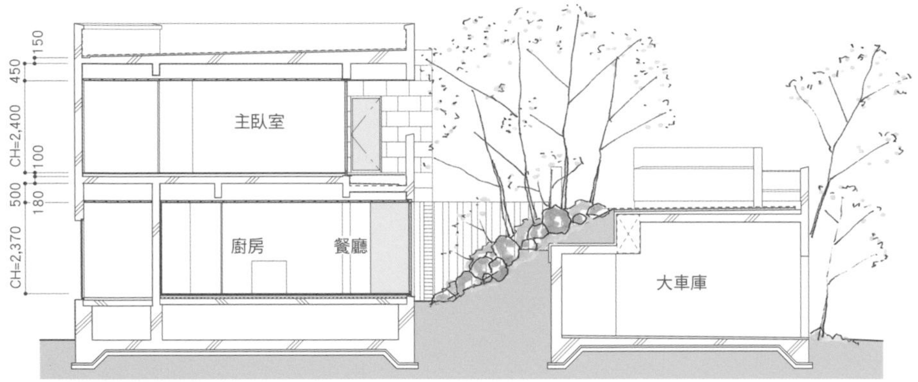

規畫庭園的時候，從室內往向屋外的景觀尤其重要。有些時候我們也會試圖把窗口視為畫框，把庭園的景致視為一件藝術品來進行設計。

在建築師田頭健司所設計的K宅中，我挑戰了一次所謂的「坡面庭園」。在著手規畫之前，由於屋主說他們需要一個能停放三輛車的停車場，當時我便估計，這個基地可能無法設置大型庭園。於是，田頭先生遂決定安排一間室內車庫，並且計劃在車庫的上方鋪設草皮以做為庭園。隨後他又突發奇想問我，「有沒有辦法在住屋和車庫之間的石階上造景，提供廚房窗外的景觀？」老實說當下我非常訝異。因為這座石階有些部分的坡度將近四十五度，「難道不怕發生土石流？」（笑）後來我開始用大大小小的石塊，把這座坡面做成類似山壁的模樣，一面在坡面的石縫間種植花草，試著將它做成一面立體的綠化牆。施工時，看到我們不斷運進石塊，連屋主K先生也忍不住開始擔心起來，但是現在這面石塊坡面卻成了他最愛的景致。

透過整面塗白的牆壁和刻意壓低的重心，凸顯出庭園的寧靜、綠意，與流水的柔美。窗口的高度是145公分，庭園的景觀會隨著站立或坐下而改變。

58.

漂亮好看的景觀窗

窗口設計得漂亮，庭園一定會更美。不過要是庭園的背景雜亂無章，空有好看的庭園也是白搭。可能的話，我會仿照山水畫的形式，在庭園的後方建立一面背景牆，讓綠意看起來更加鮮明而立體，形塑出更為完整的窗外景致。至於背景牆的顏色，不妨配合室內牆面的色澤，製造內外的連續性，不論從室內或庭中看去，都更能凸顯出植栽之美。

照片是由建築師吉川彌志所設計的咖啡吧「和吧OKU」的一角。這座內庭只有兩公尺深，而且後方的鄰地是一棟舊式的住辦大樓。為了遮蔽多餘的背景，於是吉川先生特別為它在室內安排了一面垂壁。垂壁由上而下，因此縮小了窗口的面積，窗口面積一旦縮小，反而會擴大內庭的進深。此外我們又把後頭的背景牆漆成和室內一樣的白色，隨即凸顯出植栽細緻的樹形，遂完成了這座不論植栽落葉與否，一年四季皆美的景觀庭園。

59.

關於景石

利用石塊造景時，關鍵就在於必須自然而不造作。我個人是從來不會像日式庭園或日本傳統的枯山水庭園那樣，刻意強調石塊的存在感，而會盡量選用扁平的石塊，以還原當地原始的地貌和風景。因此在配置景石的時候，也會盡可能讓植栽自然地生長在石縫之間。

配置石塊有助於強化庭園地面的穩重感，而且石塊會隨著時間而風化、附著草類或青苔，讓整座庭園看起來更有質感。配置景石的另一個好處是，植栽大多喜歡盤據在石塊的下邊，兩者是共生的關係，不會打架。當然還是會有些時候，必須設計成以景石做為主角的現代版枯山水庭園。這時候就非得刻意去強調石塊的存在感了，因為這畢竟是枯山水最關鍵的設計手法。而且，無論設計或觀賞，這類石庭都必須具備相當豐富的想像力。譬如「三井花園飯店京都新町別邸」，那裡的客人來自世界各地，因此我以五大洲做為主題，設計了一座空中枯山水。

從上看下來，讀者看得出來這是一張世界地圖嗎？

由九州阿蘇地區生產的熔岩石表面切下來的片狀景石。這類景石的特色是，會讓人誤以為地面下埋著整塊巨石，也能減輕屋頂的重量承載。

60.

插入植栽的美麗花器

由建築師田頭健司所設計的「眞美丘之家」，直接把餐桌型的盆栽搬到二樓的露台，營造出一處可在樹下飲酒暢談的空間。盆中種著一株油橄欖，結果實時，就可以在享受午餐和雞尾酒的同時，隨手摘取食用。圍樹而坐，更是賞花、團圓的好所在。

由建築師永山祐子女士所設計的「春華堂五穀屋」（靜岡縣濱松市），中庭裡是由我提議的數個以五穀為主題的大盆栽。包圍在盆栽四周的不銹鋼薄板，則是永山女士的獨創設計，造形銳利且狀似懸空，具有一般使用現成材料，有著經二次加工所罕見的強烈存在感。

61.

把碎石當河床

在人走或跑的地方鋪設草皮，不走不跑的地方則鋪設碎石，這是我在規畫庭園時的重要原則，而且兩種素材絕不混淆。雖然有些時候我也會使用混凝土或磁磚之類的材料來鋪設，但那一定是入口門廊等非不得已的狀況，在一般的情況下會盡量不用或少用。

誠如眾所周知的，日式庭園的植栽區是島，碎石鋪面是河；所以我也常把碎石視為河水的意象，因此鋪設碎石的時候，也會在碎石和植栽區之間混入一些顆粒較大碎石，刻意營造河邊的變化和碎石面的表情。

此外，我極少採用傳統日式庭院常見的那智黑石和白川碎石，用的幾乎都是天然、圓形，帶有各種不同顏色的普通河川碎石。這類碎石的優點是可以讓落葉不至於過於明顯，具有隱藏落葉的特效功能。我也常把這樣的碎石鋪面設在露台或木棧平台的四周，把四周的地面視為河床。

在設計「下田之家」的庭園時，我把植栽、平台、碎石想像成河邊的植物、高台和河床，試圖設計出讓屋主可以坐在平台上享受著森林浴，吹著河岸涼風的景致。

62.

增添五感共鳴的綠意

我常在想，該如何才能讓居住者透過五感，全方位地感受到庭園裡的綠意？譬如透過視覺得到心靈療癒，透過觸覺親身體驗大自然，透過味覺品嚐當季的果實……。

特別是聽覺，我希望居住者能夠經由沙沙作響的樹葉摩擦聲，得到內心的平靜。即使人在房間裡，也能聽出風的強弱，感覺自己彷彿身處在森林之中。尤其是具柄冬青的葉子所發出的輕柔之聲，很難用言語形容，那種聲響有點近似在神社聽到的風聲。事實上，具柄冬青在日語裡的原意正是「隨風搖曳之樹」。

此外，我還會把如瑞香花和金木樨這類帶有香氣的樹種，或者像是連香樹這類樹葉新綠時會散發出獨特香味的樹種在庭園的上風處。我之所以重視香氣，是因為它非常容易讓人產生記憶上的連結。因此若在庭園中增添些許特殊的香味，必能在居住者心中留下深刻的印象，有朝一日也必能喚醒他和家人相處的美好回憶。

水的療癒性

生活中不能沒有水，好比說以前日本有個習慣，客人來訪之前，主人會在門口灑水。有人說這是一種歡迎的表現，因為走在灑過水的地方，會感覺特別涼快。其實這和京都俗稱「鰻魚睡床」的舊時民宅結構有關，在院子或門前灑水，可以降低室內的溫度。因為灑水可以製造空氣的流動。

又好比說，院子裡如果有個水池，鳥兒會飛來洗澡，池中的水聲也能療癒人心。除此之外，水還會產生蒸散作用，夏天時，有水池的住屋會比沒有水池的住屋要更為涼爽。蒸散作用不僅有助提升空氣中的濕度，能讓紅葉生得更美。

由唯家房屋所設計的「久留美之家」，正是一個與水為伴的典型案例。水池連著雨水管，池水由雨水累積而成。水池搭配著水流，讓室內隨時可以聽見潺潺的流水聲。

63. 將水面反射的光線引入室內

一般我會在庭園裡安排一個水缽或石製的水盤，而且會盡量放在住屋旁邊，好讓水面產生太陽反射光，照入室內就會讓人不自覺心情好起來。為此，我們也會特別計算好反射光的角度。水缽或水盤是比較小面積的水池，若屋主希望更大面積的水，我會建議他模仿山澗，在景石或植栽之間設置流水。這麼做，一來是容易維護，二來也可以省下淨水槽之類非必要的大型裝置。如果擔心水量太小，容易蒸發乾涸，只要稍微製造一點凹陷和做局部防水，即可在流水下方積水，讓水流不易流失。每天與水為伴，何樂不為？

由唯家房屋所設計的「荒田之家」，我建議他們設置一只石製的水盤，將水盤視為水池。細細的不銹鋼製引水管，是特別請鐵匠師傅訂製的。

64. 新鮮氧氣來自綠意

事實證明，生活中經常接觸大自然和植物，有助於身心的平衡和壓力的抒解。

美國曾經發表過一份研究報告便指出，生活在綠色環境的女性，死亡率和罹患慢性疾病的風險，都遠比長時間待在水泥叢林中的女性來得低。

此外，科學研究也已經證實，走在街道和走在充滿綠意的公園，後者的大腦比較不容易疲倦，美國哈佛大學甚至因此規定，校園內所有學生通行的道路都必須進行綠化。

綠意對人們的影響遠遠超乎我們的想像——畢竟只要活著的一天，就連我們分分秒秒不可或缺的新鮮氧氣，也來自於綠意。

65.

夜晚也能享受庭園景致的照明設計

扁柏之家（愛知）

設計：積水房屋
建築設計室・加藤誠
施工：積水房屋

高高的投射燈照在庭園中，營造出月光的氣氛，也能讓人享受到地面的草類、河川碎石露出不同於白天的表情。

「竹堤之家」的漂亮庭園夜間照明是由我和照明設計師花井架津彥經過充分溝通後，所共同完成的。投射燈安裝在屋簷下，同時照亮二樓的陽台和一樓的庭園。鄰地的竹林邊則放置了向上投射燈，照亮了竹子的軀幹。室內的照明採用可調光式燈具，可隨意調暗，讓人從室內也能看見庭園的夜景。

竹堤之家（奈良）

設計：積水房屋奈良分公司
施工：積水房屋
照明設計：大光電機TAC住宅團隊
花井架津彥

為庭園加入照明，原本是個創意十足的好點子，不過許多人事後才發現，晚上從室內根本看不見外頭庭園的景致……因為玻璃會反光。原本是為了觀賞庭園而裝設的玻璃門窗，結果竟然變成一面大鏡子，只能映出室內的景象。其實這問題出在內外的光度差異，只要提高室外的亮度或降低室內的燈光，就可以減輕門窗反照的窘境。

不過最好的方法還是在規畫照明的時候，就預先做好室內外光線的平衡。譬如室內採用可調光式的照明，即可根據實際的狀況隨意調整室內的亮度，使用起來非常方便。唯一要留意的是，光源本身必須安裝在不會造成玻璃反光的位置。若不論如何調整，反光的狀況依然無法解決的話，也可以利用類似玻璃吊飾的擴散型燈罩，一樣具有抒解反光的效果。

另外我也常遇到一些住家採用移動式的向上投射燈，由下而上地照亮植栽，不過如果真想還原自然的風景，由下而上投射出來的光線其實很不自然，通常我會建議屋主或建築師把投射燈裝設在高處，由上往下照明。最理想的狀況是近似於月光，模擬中秋月圓的感覺。

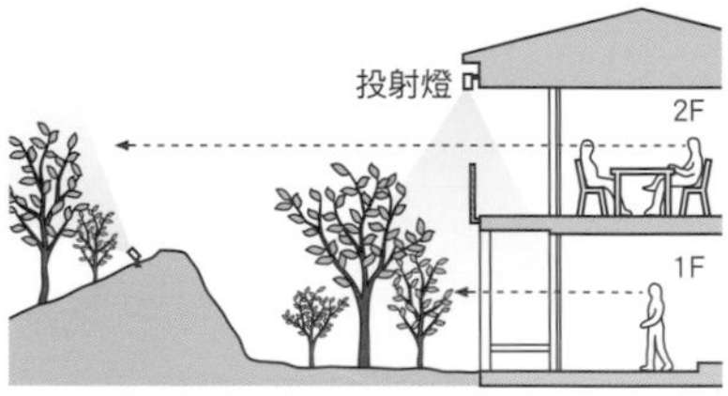

投射燈的下端和陽台上方天花板的水平線切齊，即可避免從室內看見燈具，並同時把陽台和庭園照得美美的。

室內的照度過亮時，玻璃門窗會產生反光，影響庭園景致的視線。採用可調光式照明，就可以視實際需要調低室內照度，非常方便。

這種由上往下的照明設計，用在夜晚烤肉或圍爐吃火鍋時，效果也相當不錯。當然，如果想營造氣氛，在腳下點幾盞燒蠟燭的小燈籠或小燭台也很不錯，但是這樣可能會造成對烤肉熟度的誤判，可能不小心讓家人朋友吃下了生肉。要是照明改為由上往下，就會不發生這樣的窘況了。不過安裝這樣的燈具自然會有線路上的問題，所以我建議照明設計最好能和建築設計同步進行，否則燈具的配線可能會外露，破壞了原本完整的住屋外觀。此外，還必須留意避免讓投射燈的光線直接打在人的臉上、造成刺眼的狀況；燈的角度和方向必須調得恰到好處，能同時照亮院子裡的植栽。適當的照明，也是一種增添庭園樂趣的方法，在夜晚也能欣賞到櫻花、紅葉等這些時令植物當下最美的景觀。若是無法安裝這樣的投射燈，我個人覺得不妨採用燈架式的照明，效果也不壞。

當然，使用移動式的向上投射燈也並非絕不可行。譬如上方照片中的「竹堤之家」中，就在竹林的下方放置了這樣的燈具，凸顯了竹子的造形美。我認為這種狀況使用向上投射會比向下投射的效果更好。若是想特別強調樹葉背面的顏色，使用向上投射的效果也很適合。另外在樓梯和門廊的角邊使用這種移動式的投射，效果也會比向下投射來得漂亮，只不過要記得，別讓燈具過於明顯，否則反而會讓人感覺有點突兀。

製造如明月般的柔光

三井花園飯店
京都新町 別邸（京都）

營運：三井不動產飯店管理部
構思：Architects Office（石川雅英）
設計：竹中工務店
施工：竹中工務店

放棄一般常用的大開口設計，改以鋼製的格柵縮小開口做出內外的區隔，格柵下方開口露出植栽下端，形成一幕絕妙的畫面。穿過格柵，除了植栽身影的若隱若現，也加深了中庭的進深與神秘感。

中庭主要的光源來自安裝在上方的投射燈。

在「三井花園飯店京都新町 別邸」裡，我把面對大廳的中庭設計成一個混植庭園。原本建築師打算把它的背景牆做成清水模，後來是因為我想把植栽的光影打在牆壁上，建議採用白色的牆面，才改成了水泥砂漿的白色塗裝牆。照明方面使用由上往下的投射燈，模仿月亮柔和的光線照射在中庭裡。

每逢夜晚，纖細樹形的光影映照在白牆上，為植栽營造出與日間迥異且別具特色的表情。據說有些客人還是特別為了親眼目睹這座中庭慕名而來。方便的話，也歡迎讀者親自到此一探究竟。

66. 讓室內也能宛如在森林之中

由設計師前田圭介設計的「森之棲家」，是一間把四照花種在地下室、然後讓植株貫穿一樓、直通屋頂的住屋。由於內外連結在一起，蝴蝶、鳥兒也能飛進屋子裡，讓人有種分不清自己究竟身在室內還是戶外的感覺。也因為內部設有隔間門窗，雨天時可以關上，無潑雨之虞。不過我由衷佩服的是能接受這樣規畫的屋主，真是勇氣可嘉。種植高木直通屋頂的點子其實是我提議的。原本前田先生就計劃在室內安排一道天井，加上後來我種下的高木，不知道讀者有沒有一種這是建築師配合這株高木而設計的錯覺？

在我的辦公處裡也種了許多植栽。因為原本我打算在室內種植觀葉植物，所以在設計之初便預留了植栽空間，並且嘗試把戶外的風景導入室內。

以下我列舉出幾個在室內種樹的重點。

◎日照

室內光線的有無，對植物的生長影響至大。一天裡只有幾個小時直射光的空間、或者即使是間接光、但仍有平均照度夠高的折射光空間，便能讓植物生長得非常好。若是種在缺乏自然光的位置，則必須提供讓植栽足以正常生長的照明。

◎通風與濕氣對策

空氣不流通容易潮濕，滋生蜱蟎、霉菌或細菌，引發植物病害。解決的方法之一是要確保空氣流動，要不就得製造通風良好的環境。不過必須特別留意，對植物來說適切的濕度仍是必要的，應避免過度乾燥。

◎土壤

通常我會選用人工土壤，一來因為乾淨，二來比較不容易滋生害蟲。值得注意的是，必須做好排水，特別是種在大花盆時，記得要預留排水口。就算種在地面，也要把它們視為觀葉植物來照料。

◎樹種

必須選擇室內適應力較強的植物。落葉雖然需要打掃，但只要不是大量栽種，其實並不麻煩。「森之棲家」的室內和戶外都種了喜歡半日照又能適應全日照的青木，種了六年後的現在都還長得好好的。

◎保養與維護

室內因為沒有雨水的滋潤，葉片很容易累積灰塵。灰塵累積不僅會影響光合作用，也容易釀成病害。可以在給水時直接把水澆在葉片上，或者用抹布直接擦拭。

荻野壽也景觀設計新辦公處（大阪）

設計：荻野壽也景觀設計／荻野彰大
施工：中瀨鐵工建設
基地面積：1087.54m²
建築面積：93.60m²

我的事務所正中央的梯間兼中庭。門牆設為玻璃帷幕，屋頂的南側開了一扇天窗，提供植栽自然光。天窗是開閉式，可確保中庭的空氣流通。這間室內庭園由於植栽近在咫尺，從樓梯上也能搆到樹木，很好照顧。

「森之棲家」的地下室有一條直通玄關的走道。從走道上可以望遍整座天井，只要打開照片中的隔間門，地下室立刻連通室內，人在中庭也能和屋子裡的家人互通聲息。

森之棲家（廣島）

設計：UID／前田圭介
施工：家園建設
基地面積：362.00m²
建築面積：89.25m²

67.

為庭園增添彩意的花朵

有些時候我也會刻意採用一些顏色鮮豔的醒目花種，為庭園增光添色。譬如在這間由坂本昭與設計工房CASA所設計的芝麻主題餐廳「世沙彌」裡，就在走道的盡頭種了幾株錦繡杜鵑；而在建築師前田圭介所設計的「群峰之森」的門廊邊，則栽種了一大群本霧島杜鵑。

杜鵑是我最常選用的植物。因為樹形容易掌握，也易於照顧。我向來只選擇未經修剪過的，直接使用它們自然的樹形。因為未經修剪過的杜鵑，花量並不會太多，而且開在綠葉中的杜鵑花尤其醒目，會讓人眼睛為之一亮；適中的花量就能真正給人好心情。

除了杜鵑之外，我還會同時加入石楠花或山茶花，以及充滿日式風情的水仙、秋牡丹，西式風情的百子蓮或黃花萱草。每逢花季一到，百花爭豔，光是在視覺上就足以振作精神、恢復元氣。

群峰之森（大阪）

設計：UID／前田圭介
施工：誠建設
基地面積：2107.88m²
建築面積：611.51m²

◎摻入植物的顏色

由建築師前田圭介所設計的「CASA II音色」，在紅、黃、藍、紫等色彩繽紛的外牆之間，分別加入了一道綠意（植栽）層，外觀風格極為活潑。外牆的顏色取自日本舊時王朝時代的傳統色彩，因此在四周的植栽上我也配合這些顏色，選擇了不同顏色的各類樹木花草。每逢春天，牆邊的花朵齊開，五顏六色，非常好看。內部的裝潢和家具的選色也極為豐富，充滿玩心。透過植栽與色彩的搭配，就能為居住者帶來前所未有的舒適感。

在中庭裡則栽種了即便日照有限

CASA II 音色（奈良）

設計：UID／前田圭介
施工：創建
基地面積：353.33m²
建築面積：168.72m²

在多重的外牆邊種植不同高度的各類樹木，以便柔化原本稍顯剛性的住屋外觀。

矢車菊
天竺葵
鳶尾花
絲河菊
香爪鳶尾花

紫錐花
牻牛兒苗

鬼針草
榕葉毛茛
大吳風草
藍眼菊

南側的外觀。和道路平面之間的高低差約1公尺，保留了原有用石塊築成的高台，將住屋蓋在高台上。

也能正常生長的波緣山礬、銳葉新木薑子和薯豆，同時我還為它安排了一條小水流（請參照一一四頁）。整座中庭以豐富的色彩為中心，彷彿保留了一座神聖的森林裡的一塊光芒照耀的人間淨土。在住屋方面，每一個房間都與室外的綠意相連，前田先生為居住者營造的安全與情趣，以及善於利用綠意的創意手法，恐怕無人能出其右。

門廊的設計極具巧思，走進門廊後看不到玄關門，居住者和訪客會自然地把視線移向兩旁的綠意。外牆間彼此無縫相接，目的是為了增加視覺上的土地面積。

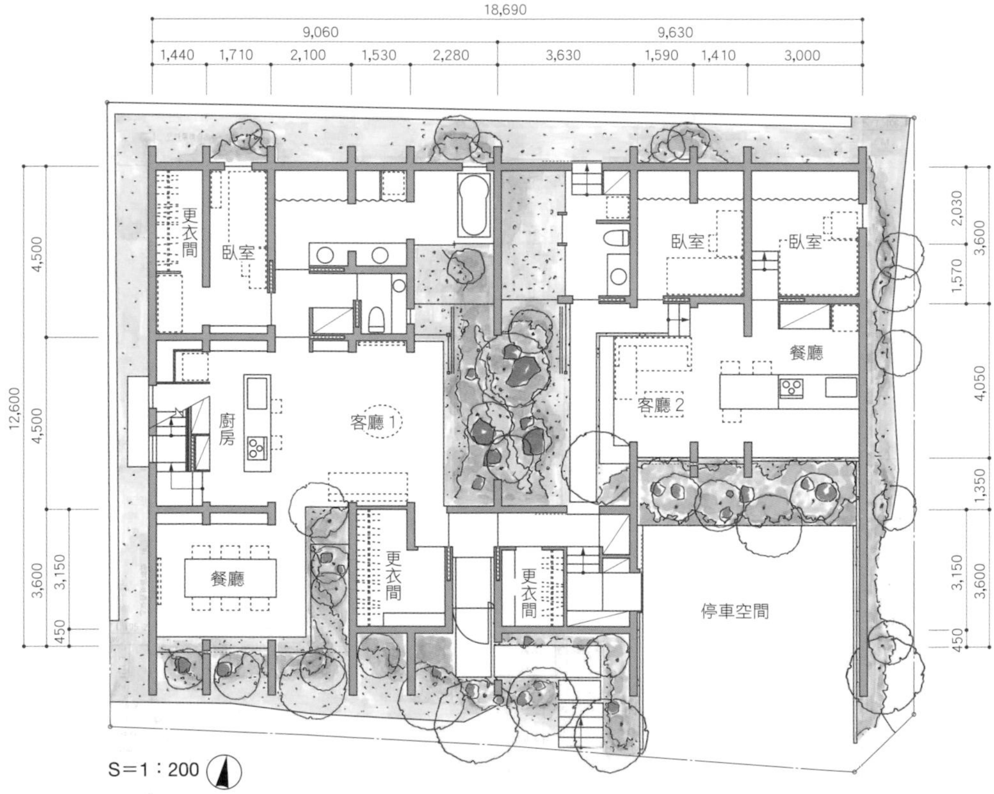

兩代同堂的住屋，用縱向的十面牆壁將原本偌大的空間切成九個區域，再透過中庭分隔出父母和兒子夫妻兩戶的居住區。牆壁的間隔距離相異，且分別塗上了不同的顏色。間隔相異的牆壁不僅為住屋製造出了空間的韻律感，夾在間隔中的陽光、植物和流水的粼粼波光，還會隨著時間、季節，為居住者的日常生活營造出「色彩」的律動和變化。

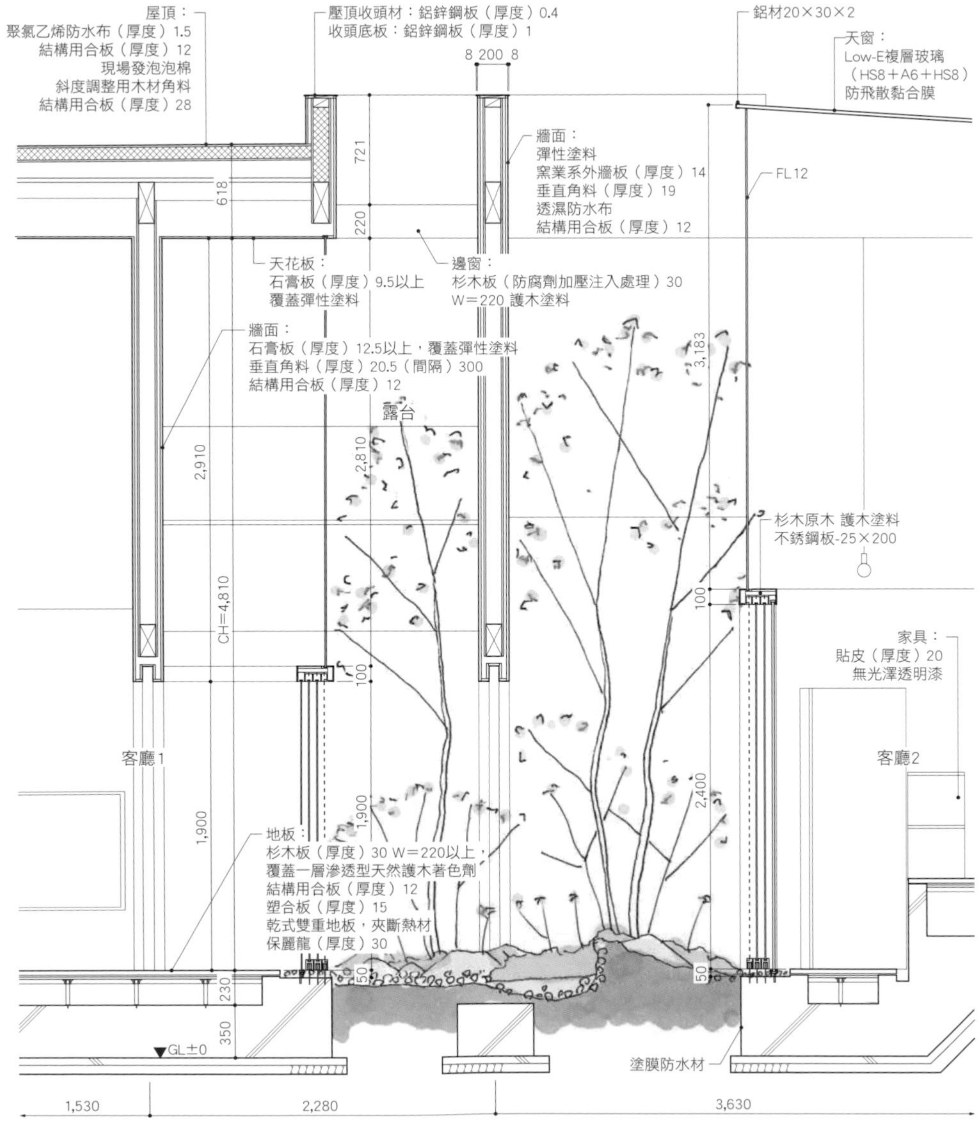
屋頂：
聚氯乙烯防水布（厚度）1.5
結構用合板（厚度）12
現場發泡泡棉
斜度調整用木材角料
結構用合板（厚度）28
壓頂收頭材：鋁鋅鋼板（厚度）0.4
收頭底板：鋁鋅鋼板（厚度）1
8 200 8
鋁材20×30×2
天窗：
Low-E複層玻璃
（HS8＋A6＋HS8）
防飛散黏合膜
牆面：
彈性塗料
窯業系外牆板（厚度）14
垂直角料（厚度）19
透濕防水布
結構用合板（厚度）12
FL12
721
618
220
天花板：
石膏板（厚度）9.5以上
覆蓋彈性塗料
邊窗：
杉木板（防腐劑加壓注入處理）30
W＝220 護木塗料
牆面：
石膏板（厚度）12.5以上，覆蓋彈性塗料
垂直角料（厚度）20.5（間隔）300
結構用合板（厚度）12
露台
3,183
2,910
2,810
杉木原木 護木塗料
不銹鋼板-25×200
CH=4,810
100
100
家具：
貼皮（厚度）20
無光澤透明漆
客廳1
客廳2
2,400
1,900
1,900
地板：
杉木板（厚度）30 W＝220以上，
覆蓋一層滲透型天然護木著色劑
結構用合板（厚度）12
塑合板（厚度）15
乾式雙重地板，夾斷熱材
保麗龍（厚度）30
50
50
230
350
▼GL±0
塗膜防水材
1,530
2,280
3,630

中庭剖面詳圖 S＝1：50

 圖面提供：UID

住屋、庭園、生活相互共鳴
合奏美好時光的樂章

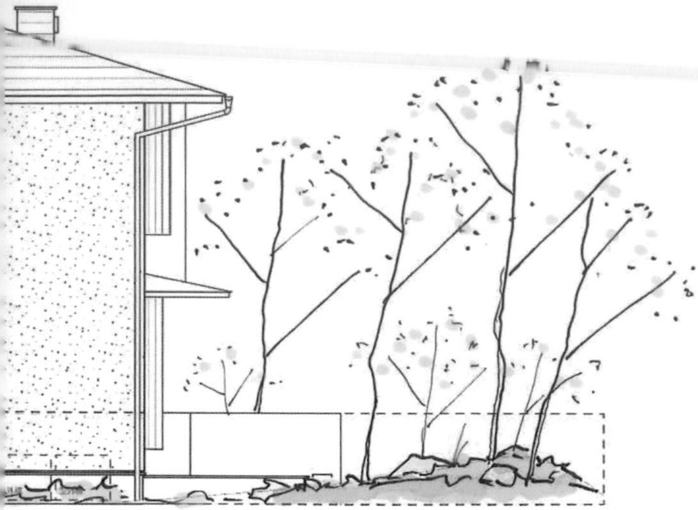

68-85

RECIPES
OF
TOSHIYA OGINO

5

庭園的設計、照料與維護

正如照顧小孩和飼養寵物一樣，未經修整的庭園是不可能保持得漂漂亮亮的。植栽缺水時必須給水，長出雜草時就得除草……這些動作都代表著你與植物溝通交流的開始。唯有親自去接觸、親手去照拂，親眼見到它們的成長與改變，你才可能瞭解植栽的個性和當下的狀態。然後，你也才可能真正樂在園藝之中。

68.

混植庭園與樹種選配

規畫庭園時，我個人通常會建議要配合日本的氣候環境和生長條件，採用比較易於管理的「混植庭園」；這樣一來可以還原街區的自然原貌，二來更可以進一步提升住屋本身的魅力。要想建構一座混植庭園，誠如我在第一、二章裡頭說過的，除了必須和住屋平衡搭配之外，還得仔細評估植栽本身的樹形。對我而言，植材永遠是庭園設計的命脈，因此絕對不可忽略樹種的選配，以及樹形的配合度。以下是我認為選配樹種時的幾個重點：

①樹形好看
②枝條柔軟
③樹皮的質感
④樹體的高度與樹葉的密度
⑤根球的大小

⑥花色與花期
⑦適合當地環境的樹種
⑧植栽本身的健康狀態
⑨產地與原本生長的環境條件
⑩生長的過程與修整、維護的方式

其中第⑨項，要預先知道植栽原本生長的環境條件這點尤其重要。有些不耐日照的樹種，可能會因為從小生長在西曬的環境而不怕西曬；譬如有時候我會請樹農幫忙尋找不怕日照的楓樹。相反的，要是把一株從小習慣無日照環境的樹木，一下子移植到全日照的環境，即便植物圖鑑上說它適合全日照生長，一樣有枯死的可能。

植栽與植栽可以比鄰而種，但必須留意彼此的習性。最好能事先瞭解植栽本身需要的水量，以及是否有施肥的必要。比如我們常見赤松和具柄冬青比鄰而種，是因為這兩種樹木同樣都喜歡貧瘠的土壤，而且耐旱，所以很適合種在一起。又比如枹櫟和櫻樹這兩種在市區內常見的樹種，也是因為同樣都喜歡肥沃、濕潤的土壤，因此種在一起也沒有問題。總之，只要盡量避免把習性不同的植栽種在一塊就對了。

冬天時因積雪而彎曲的枝條所形成的自然樹形。照片中由右至左分別是四照花、琉球莢蒾、日本小葉梣。之所以選擇它們，是為了想省掉一般入冬前必須用繩子一根一根吊住枝條防止折斷的作業。

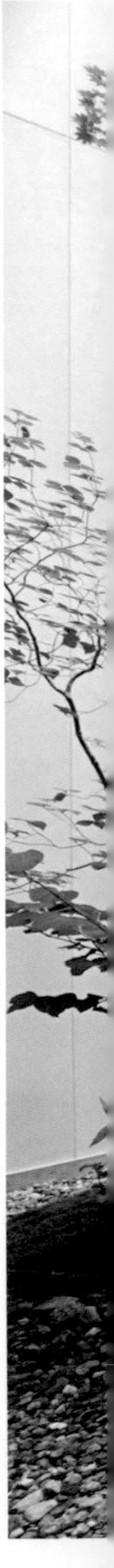

①小羽團扇楓（櫪木縣）
②水榆花楸（青森縣）
③日本吊鐘花（大阪府）
④銳葉新木姜子（鹿兒島縣）
⑤日本小葉梣（群馬縣）
⑥鈍葉杜鵑（兵庫縣）
⑦山礬（鹿兒島縣）
⑧四照花（櫪木縣）
⑨山樜（秋田縣）

「三井花園飯店京都新町別邸」的中庭重現了人們心中的日本原風景。使用的樹種來自日本各地，從東北到九州的都有。栽種時我盡量保持了它們自然的樹形。夜景請參照106頁照片。

69.

樹農與挑選植材

為了挑選植材，我幾乎跑遍日本國內各地樹農的樹園。有些時候會在樹園的一角意外發現合適的植材，那種感覺就好像是樹農主動向我推薦了我正好需要的植材一樣。不過通常樹農並不清楚我真正需要的是什麼，他們多半是提供我思考的線索。找到植材的時候，雖然也可以當場下訂，但是為了支持當地的產業，一般我多半會聯絡仲介業者，請他們協助代購。

另外，大阪還有不少全國其他地方少見的樹農和販售庭園植栽的業者，他們等於是我設計庭園的重要後盾。只有在某些特殊狀況，我才會跳過樹農，直接在庭園所在地方尋找植材，譬如找一些在地生長的花草或特殊的樹種。最近我甚至在公路旁邊的車站附近挖到了寶（笑）。

可能的話，我會盡量選擇生長在和實際栽種環境（陽光、土壤、空氣、水分、氣候）相近的山地或樹園的植材。
這是位在沖繩縣，由建築師伊禮智所設計的「團結之家」。挑選植材時，我特地找了當地的樹農，尋找沖繩本地的樹種。最後以風姿婀娜的散尾葵做為主樹，門廊兩側種了耐得住颱風的白水木以及花香四溢的緬梔花，中庭則栽種了充滿異國風情、模樣特殊的筆筒樹。

70.

用草類植物帶出熟成感

為了在庭園中重現自然的風貌，前面已經談論過必須挑選一些高度較高的植栽，接下來要和讀者聊的則是我個人特別重視的，比較接近地面的草類植物。透過草類植物的添加，整座庭園會立刻顯出「熟成感」，大大提升庭園整體的完成度。

要耐心地等候庭園自然長出青苔，少說也要等個十幾二十年。但每當我們完成草皮的種植，總是會讓居住者非常意外，又驚又喜。我就是特別喜歡看到那樣的表情（笑）。

①紅花百里香
②砂蘚
③黃花咸豐草
④絲河菊

①小隈笹
②砂蘚

草類植物種類繁多。不過無所謂，我認為只要是喜歡的，不拘形式，都可以只管種下去。唯一要注意的是，和大型的植栽一樣，草類也有喜歡日照、不喜歡日照，生長的速度也有快慢之別。栽種之前務必要仔細查詢，根據它們生長速度和習性調整彼此的距離和間隔。

1：土地不整成全然的平面，而是做成略有起伏、更接近自然的狀態；同時埋下景石。景石有助於水土保持，可降低土壤流失的可能，提高土壤的排水性。

2：沿著中、高木的樹幹邊種植低木，並盡量把樹葉朝向正面。我最常種的是丸葉車輪梅這類比較容易保持自然大小和樹形的常綠樹，也可以維持高木下方綠意的穩定性。

3：在土地起伏較高的位置種下如聖誕玫瑰這類的大型花卉做為重點植栽，然後再種闊葉山麥冬和蕨類等直立莖的草類。土地起伏較低的位置則種頂花板凳果、紫金牛或紅花百里香之類的小型花草。

4：在草類植物和景石的四周種下苔蘚植物。一般我會選用耐日照的砂蘚或不愛日照的大灰蘚。若是半日照的中庭，則會兩種同時混植，由環境來決定它們的生存，讓它們自然繁衍。

5：最後在沒有植栽的地表部分覆蓋一層樹皮碎塊、木屑或腐葉土，植栽的工作即大功告成，看起來就像是山裡累積的落葉一般。這個地表覆蓋層的功能很多，包括保暖、保濕、防止雜草，也能預防因為降霜、下雨造成的土壤流失。

①黃花萱草　⑤地中海莢蒾
②細葉紫唇花　⑥假繡球
③白芨　⑦紫金牛
④虎耳草　⑧錦繡杜鵑

71. 留意根球的大小以預留空間

根球（從原地挖出整顆樹時，根部連帶土壤所形成的球體）的大小和需要的深度，往往超乎我們想像。偶爾我也會遇到一些缺乏這方面知識的建築師，強行要求我在很小的土地上種樹。我最常遇到的狀況，比如說基地內帶有L形或T字形的牆壁的話，根本連根球都放不進去；或者土地下方有地基的底盤，這樣的情況下要把樹種在窗戶邊根本是不可能的。所以通常我都會在前往工地之前，先在辦公室裡展開庭園的原寸設計圖，實際計算根球是否放得進預定的位置。

植栽的根球往往超乎想像地大，栽種前一定要先做足功課，以免訂購了結果卻種不下去。

根球的大小和所需的深度，會因樹種和樹幹的粗細而異，不過我們大致可以根據樹幹來推測。譬如一株高五公尺的單一樹幹的高木，根球大約會深六〇公分、寬七〇公分。同樣的高度，若是多樹幹（由根部生出兩根以上的樹幹）的高木，球根的尺寸則會依據樹幹的數量等比例增加。若是一公尺高的低木，球根大約是深二〇公分×寬二〇公分。通常只要比球根稍大的空間，根部就可能生長，植栽就能種得活。因此，千萬不要因為誰說了空間太小，就輕易放棄了栽種的可能，務必要經過實際的計算。

總之，只要對根球的大小擁有大致的概念，自然就會知道必須預先準備多大的空間。

不過話說回來，根球的大小還牽涉到挖掘的時間和植栽本身的種類，要是選對了時間和樹種，根球還是有縮小的可能。這部分建議直接和現場工地的造園師傅商量。

栽種前必須視實際狀況，加入珍珠石、石灰，或由珍珠石改良而成的土壤改良劑以改善土地環境，讓植栽長得更好。

72. 改良土壤讓植栽健康生長

不用說，庭園的排水當然很重要。甚至可以說，排水工程是庭園設計的首要之務。若排水不良，水分容易滯留在土壤中，造成腐蝕根部的微生物增生，那麼植栽就不可能長得健康。

像是關西地方的真砂土若是未加入土壤改良劑，很容易結塊、變得硬梆梆的。土壤一旦變硬，會使根部氧氣不足，植栽很難長得好。因此土壤改良的步驟一定不可省略。特別是植物移植時，是讓植物突然換入不同的土地與環境，既然無法改變環境，最起碼可以先改善土地。

一般我們會使用珍珠石或由珍珠石改良而成的土壤改良劑，或者石灰、樹皮、泥炭土等等，該使用哪

73. 不破壞景觀的地下支架

移植高木時，在根部扎穩前隨時都有傾倒的危險，因此輔助用的支架便成了不可或缺的必須品。一般大多是用架在地面上的鳥居型支架。這類支架在公園或公共設施隨處可見。

不過完工後地面上還留著這樣的作業用品，難免感覺有些礙眼，破壞了景觀，因此我通常採用埋在地底下的支架椿來作支撐。只要在樹木根球的四周打入幾根木椿，再綁上繩索就能固定根球。不論高木或根球較小的樹木，我都一律採用這種地下支架。

地下支架也有不銹鋼製的，但價格不斐，有時候甚至比一棵樹還貴。因此，為了控制成本，我才會想出用木椿這個方法。

中庭通常不會直接受風，不必擔心樹木傾倒，因此有時候我會連這種地下椿也省略。這是因為當樹體不斷搖曳時，樹木會自然加速根部的生長，靠自己的力量把自己支撐起來，所以稍微的搖晃其實並不是件壞事。

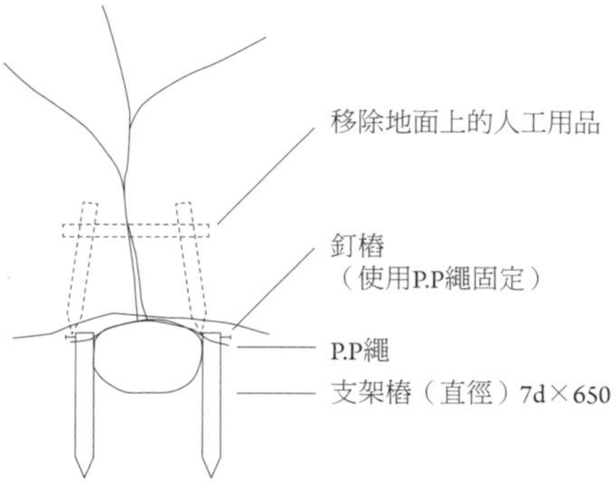

釘椿時需特別留意避免傷及地下的配管。

一種則必須視實際狀況而定。基本上使用當地出產的最好。

近來日本的建築工程常會在工程進行中，用再生碎石把土壤給覆蓋掉。目的似乎是為了便於澆灌混凝土，但往往因此忽略了庭園需要的土壤。同時，由於再生碎石的鹼性強，有礙植栽根部的生長，因此進行庭園工程時必須把碎石和土壤全部換掉。再生碎石很好辨認，所以在規畫時一旦發現，就會立即要求更換土壤以改善土地環境品質

74.

庭園設計的經費

絕大多數的屋主都是想先蓋好房子，之後再用剩餘的錢來蓋院子，結果卻發現餘額所剩無幾，根本不足以支應庭園所需的費用。所以我經常會建議屋主，要從一開始就先安排好庭院和外部工程的預算，換一個說法就是，要把庭園和外部與主建物視為同等重要的住屋元素來思考。如此一來，完工後的感覺和整體的舒適度一定會大大不同。好比說在規畫的過程中，我會建議屋主把原本打算用來蓋停車棚的錢，拿來完善原地的綠景；或者儘管面積不大，也盡量在車庫和住屋之間添加植栽等。單單只是這樣，就能讓住屋給人全然不同的印象。綠化的效果之大絕對超乎屋主事前的想像。

只要犧牲一點房屋的面積，稍微挪動空間和經費，即可為居住者創造出獨特的庭園景觀。我希望更多的人願意用這樣的方式來規畫住屋，不要因為錯誤的預算安排而因小失大。

75.

居住者、鄰居、建築師、工程人員共同參與的造園工程

有時在開工以前，只要大家有意願，我還會特別舉辦一場由居住者、建築師、工程人員共同參與的「造園體驗營」。由於他們大多連種植小盆栽的經驗都沒有，所以我會利用半天或一整天的時間，教大家栽種植物和給水灌溉的方法，也會盡量讓他們親自動手，實際經驗一下造園的工作。

這種時候，我也會極力邀請屋主家裡的小小孩也來共襄盛舉。儘管現在日本的父母大多不喜歡孩子出

造園的工程由屋主的家人和工程人員共同參與。午餐是超級美味的戶外聚餐。

門搞得一身髒兮兮回來，但是小孩們其實非常喜歡玩沙弄土。接觸泥土、栽種植物非常有助於培養具有豐沛感性的人格。我們小學的時候，在學校不也都種過牽牛花嗎？那既是一種本能的喚醒，也是一種極具深度的人格教育。換言之，我很希望把這樣的教育延伸到實際的家庭生活中。

等到庭園正式完工，我還會列出一張在庭園樹種的清單，並且合併造園體驗營時所拍攝的照片，裝訂成冊、送交給屋主收藏。裡面當然也包括了孩子們種樹的模樣，因此就像是一本紀念相簿。十年、二十年後再重新回顧，孩子們肯定會說「哇，那時候我居然那麼小！」「那時候樹幹居然那麼細！」伴隨孩子的成長，也親身經歷樹木的成長，這是多麼難能可貴的經驗。

透過這樣的活動，大家都會體驗到，原來每一個人的家都是由一群人通力合作、同心協力完成的結果。其中不只包含了住屋的設計，也包含了造園的工程。體驗營的最後我們會高呼三聲萬歲，然後開始吃吃喝喝，分享彼此的甘苦與巧思，好不開心。

造園工程連屋主的孩子們也來共襄盛舉。身為家庭的一員，不僅要迎接新家和新庭園的完工，日後也將和家人一齊照料自己的家園。建築師與工程人員也共同參與了造園體驗營，實際接觸植栽後，結束時大家都說以後還想繼續為造園工程付出心力。

76.

修剪就是保養、維護

在過去，擁有庭院就象徵著門第顯赫的那個年代，庭園多是以種植松樹的傳統日式庭園為主流，並且一定會請專業的「庭師」定期前往修剪，維護起來很花錢，因此很多人都有庭園一定「很不容易維護」的印象。不過本書所介紹的混植庭園，因為講求自然天成的植栽方式，其實不需要投入大筆的維護費用，保養的工作也多能自行維持，因此我才會期盼居住者都能學會樹木花草的修剪和一些摘花之類簡單的技巧，進而把庭園裡的作業視為居家生活的樂趣或享受。

有別於居住者日常的修剪，造園師所進行的則是維護工程。就我個人來說，會以季為單位，每年大約造訪客戶一至四次。春天以預防病蟲害為主要任務，入夏前則會進行花草整頓和局部修剪，以及驅除病蟲害等作業。到了秋天，則以修剪為主要的工作，而且修剪絕非一次完成，要分成好幾次，針對需要修剪的樹木逐次進行。

除了每年固定的作業之外，經過

日常的修剪作業也是一種樂趣

1・2：我家主建物在剛興建完成時，請了一位造園師設計了西式風格的庭園。六年後，屬於針葉樹的利連絲柏已經長到將近七公尺高，我才發現修剪起來非常困難。之後又發現隨著常綠樹的青剛櫟不斷生長，樹蔭持續擴大，造成草皮無法生存。

3～5：興建後第十五年，儘管庭園內草木繁盛，花越開越美，但是草坪的緣石和階梯已經變成自然荒蕪的狀態，於是決定進行庭園的全面翻修。

6：目前庭園裡種著各種不同的植栽，以便我就近觀察它們的育養和維護方式，儼然成了我的私人造園實驗室。

1

2

3

4

5

6

【修剪】

第一年：由於栽種作業進行時都已經過修剪，加上剛移植時植栽的生長速度緩慢，故暫時無修剪必要。僅需要針對生長速度較快的植物稍事修整。

第二～五年：需進行一次枝葉的大幅修剪作業，但若一次完成可能會破壞樹形，故應分成二至三次，在最恰當的時間進行。此時的修剪，既可以有效控制枝葉生長的速度，植栽也能重新得到正常的日照和空氣流通，進而確保健康。

第五年以後：到了第五年左右，植栽大多已經完全適應新環境，生長能力逐漸恢復正常。需進行一次枝葉的大幅修剪作業，但若一次完成可能會破壞樹形，也應分成二至三次、選則最恰當的時間進行。偶爾可能需要切除較為粗大的枝幹。

【花草整頓】

第一年：修剪生長速度較快的花草，同時進行摘花、摘取枯葉等作業。

第二年以後：去除枯葉以保持美觀。生長範圍過大和過度增生的花草，則需進行修剪或分株，避免因為空氣不夠流通造成內部悶熱而生病。

【施肥】

第一年：由於栽種時已經做過土壤改良，故無需施肥。

第二年以後：須配合植栽生長的實際狀況進行施肥，主要時間約在春冬兩季或冬春之交。冬季可以施以豆渣類緩效型肥料，春季則因為根部生長迅速，以液體肥料為宜。

【藥物施用】

視實際情況需要施用殺蟲劑、殺菌劑或無農藥液體。

大約十五、二十年後，混植庭園會日趨成熟，也就進入了必須進行樹木更換、花草重整等翻修時期。這部分不妨直接與造園師商量看看。

◎第一年行事曆

維護內容	1月	2月	3月	4月	5月	6月	7月	8月	9月	10月	11月	12月	合計次數
修剪										■	■	■	1／年
花草整頓							■	■	■	■	■	■	2／年
施肥													／年
藥物施用					■	■	■	■	■	■			2~3／午

◎第二～第十年行事曆

維護內容	1月	2月	3月	4月	5月	6月	7月	8月	9月	10月	11月	12月	合計次數
修剪				■	■	■	■	■	■	■	■	■	3／年
花草整頓				■	■	■	■	■	■	■	■	■	3／年
施肥	■	■	■	■	■								1~2／年
藥物施用					■	■	■	■	■	■			2~3／年

77. 給水的技巧

日常庭園的維護工作還有「給水」。給水就像教育小孩一樣，既不能太嚴厲也不能太寵溺。平常可以稍微放任一下，等到真正需要的時候再一次給足，這樣的效果最好。給水最重要的就是必須配合植栽各自不同的習性，以及因季節而異的缺水狀態做適度調整。

◎樹木在移植後的給水最重要

樹木在移植後的第一年，尤其是隔年的夏天，務必要充分給水。給水的時間，夏季以早晚氣溫較低的時間為宜，冬天以中午氣溫較高的時間為宜。

剛移植時，因為根部尚未向四周延伸，植栽還吸收不到四周圍的水分，因此不需要大範圍給水，給水時不妨一邊在心裡想像株體根部的位置，專注地供給樹幹附近和正下方的根部所需的水分。與其「少量多餐」不如「大量多餐」，最好是每隔一段時間即充分給足。因為若水量給得太少，水分很可能無法深入土中、只會停留在土壤的表層，地底的根部根本吸收不到。要是水分經常性地停留在土表，土壤裡的壞菌也容易增生繁殖，造成根部腐壞。

除了根部以外，最好也能把水澆灌在葉片上，植栽一定會很開心。一來因為植物的葉片也能吸收水分，二來「澆葉」的動作亦可有效防止蒸散作用發生。特別是放在屋簷下和室內的植栽，最好能定期定時澆葉。

植物在發芽的初春時節也特別需要水分。因此在每年三至四月間，務必充分給水。夏天給水時，必須注意滯留在水管中的水溫。若水溫過高，可能帶來反效果。過了夏天，生長速度恢復穩定，只要靠雨水即可。

◎花草的給水視土壤狀態而定

花草的部分，基本上只要地表的土壤一乾就該給水。因此給水的頻率會比樹木更高，不過讓花草維持在稍微有點缺水的狀態，其實會長得更好。和樹木一樣，請務必留意水量，給水過量容易造成根部腐壞，導致枯死。由於每一種花草對水分的需求量不同，有的喜歡乾燥、有的偏好濕潤，一定要記得配合植栽的習性適量給水。

◎使用自動灑水裝置

庭園面積較大或經常外出遠遊、無法定期定時給水時，我會建議安裝自動灑水系統。自動灑水系統一般分為地面鋪設型和地下埋設型兩種，後者較不影響庭園美觀，也比較耐久。最好在造園工程進行時同步裝設，若事後施工必須挖土埋設，比較費事。

自動灑水系統會安裝一個控制器。控制器是一只約莫三〇公分大小的控制箱，大多安裝在牆面上。換季時只要先設定好灑水量就可以自動給水。這種給水方式因為給水量比人工給水來得平均，特別推薦用於草坪上。另外也非常適合用在屋簷下或屋內這類比較不容易給水的位置；對忙碌和忘性較強的人尤其方便。不過話說回來，親自給水可以一邊觀察植栽的狀況，其實好處更多。

以噴頭自動灑水的狀況。這種庭園給水方式多使用於高爾夫球場。平時噴頭隱藏在地面下，灑水時會因水壓而伸出地面完成灑水作業。

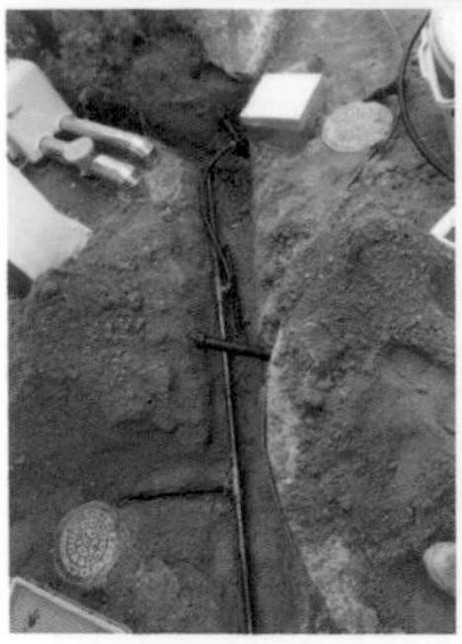

【給水管的配管】
給水管的主管經過止水閥連接著一條HI-VP直管，然後分支接上俗稱小黑管的彈性水管，再在前端接上噴頭。

【安裝控制器】
盡量和其他室外機組一起安裝在較不顯眼的位置。這個位置最好能夠看得見庭園，會比較容易掌握灑水的狀況。

【雨水感測器】
下雨時會自動停止灑水的感應器。須安裝在淋得到雨的位置（不可安裝在屋簷下）。

【冰點感測器】
在給水管可能結凍時（約3℃以下）自動停止灑水的感應器。

【電磁閥與電磁閥防水盒】
接收控制器的信號，執行開、關的電磁閥件。安裝在止水閥附近比較不會造成維修上的困難。

【止水閥】
自動灑水的源頭閥件。當電磁閥故障時，可直接關閉水源，停止自動灑水。

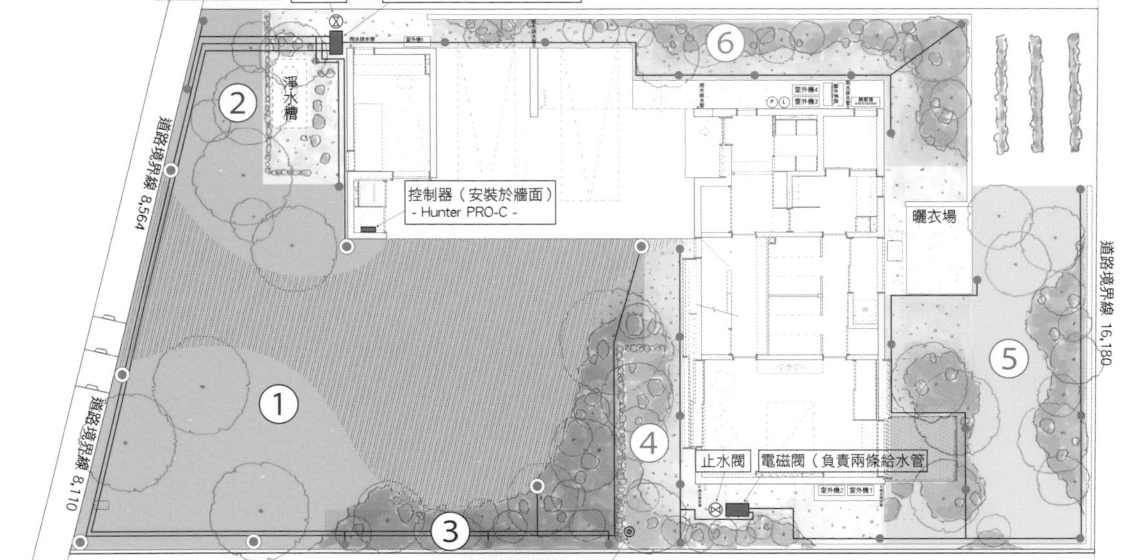

「琵琶湖畔之家」的自動灑水配置圖，是約一百坪大的庭園的必備裝置。尤其是草坪面積較廣，強烈建議安裝以省卻需走遍整片草坪灑水的功夫。可設置給水時間間隔與長短，雨天時雨水感測器會自動感應，不必擔心過量給水。

①～⑥ 自動灑水系統的管路編號。水流會依編號的順序，分區進行灑水。

78.

草類的維護

修剪百里香（上）和馬蹄金（下）

草類生長的速度比樹木快得多，因此維護的成本也相對較高。不過只要每天一點一點地進行，即可保持相當完美的狀態。

花草會隨著時間逐漸混長在一塊兒，這時候就必須剪除過量或過長的部分。有些必須疏剪以恢復枝葉間的空氣流通和透光度；有些則僅需修剪表層，維持植栽原本的樣態。向上升長的類型（大多數花草皆屬此類）必須進行結構剪，譬如百里香這類偏好橫向生長的毯狀草類，則僅需修剪表層即可。

花草一旦混長在一起，枝葉間的空氣流通受阻，就容易生病。尤其梅雨季最容易引發病變，所以在進入梅雨季之前先行維護最好。此外，會開花的草類植物有一年生草本和宿根草本兩類。一年生草本只會透過種子增生，因此種下的那一年就會枯死。宿根草本只有地上部分會枯萎，根部則會繼續存活，等到隔年春天會再度發芽。換言之，兩者都屬於不過冬的類型，入秋後地上部分都會枯萎，為此，維護時必須拔除或剪掉枯萎的莖葉。

花期過後，枯萎的花朵必須剪除。剪除後會因種類不同而出現不一樣的結果，不過基本上剪除後，隔年都會開得更好。要是時間充裕，不妨依照季節更換花種，維護起來會更有趣。譬如選擇以一年生草本做為樹下主要的植栽，枯萎後立刻更換種類，在更換過程中會逐漸累積經驗，幾年過後，就不會再發生失手的狀況，庭園裡也能總是開著滿滿的花朵。

• BEFORE •

↓

• AFTER •

修剪橫向生長的百里香（毯狀草類）

• BEFORE •

↓

• AFTER •

修剪增長過量的蕨類和狹葉黃精

79. 苔蘚類的維護

苔蘚類植物常會因為落葉累積，日照受到遮蔽而枯萎，因此可以用質地較軟的掃帚掃除落葉。初春時，經常能見到鳥飛到草坪上撿拾落葉，叼回樹上做為築巢的材料。苔蘚類植物因為渾身上下都能吸水，所以它們其實並不具備真正的根，只是用所謂的假根附著在地表上，因此如果剝落了，只要重新貼回地面即可。貼回之後立刻灑水，就能重新抓緊地表，正常存活。存活之後不妨偶爾稍加拍打，讓它更加適應土地，或者用腳輕輕走過也行。類似檜葉金髮蘚這類株體較高的種類，也可稍作修剪，保持美觀。

發現枯葉時必須盡快掃除，以免遮蔽日照，造成枯萎

80. 落葉的掃除

每當看到路邊有人在清掃落葉時，總讓我覺得真是一幅美麗的畫面。儘管掃除的工作很辛苦，那種認真中帶著嚴肅的生活態度和生活習慣，卻是值得我們重視的。落葉掃除的主要範圍是草坪、青苔和碎石區。落葉若累積在草皮和青苔上，很容易因為遮蔽日照而導致植栽枯萎。

草類生長的區域不怕落葉堆積，因為在天然的山林環境裡，蚯蚓和微生物會協助分解落葉，讓土壤保持肥沃。唯一要注意的是，松類植物因為本身喜歡比較貧瘠的土壤，樹下最好不要堆積落葉。

落葉可以集中在堆肥區，製成腐葉土回收利用。落葉闊葉樹，譬如枹櫟的葉片，尤其適合製成腐葉土。堆肥區必須每個月充分攪拌一次，發酵才會均勻。水分過多則會來不及發酵就先腐壞了，所以最好能在堆肥區上加蓋，或者蓋上一層防水布。

偶爾會有屋主希望我能多種一些常綠樹，因為認為落葉樹打掃起來實在麻煩。不過實際上，常綠樹一樣也有落葉，而且落葉的數量和落葉樹差不多，只不過掉落的時間和落葉樹不同罷了。譬如山茶花之類庭園中常見的常綠闊葉樹，每年四月至六月間開始萌生新葉，這段時間老葉就會逐漸更新掉落。又譬如交讓木，入春以後開始萌芽，每逢初夏時節老葉會快速更新，一次全部掉光光。針葉樹的落葉期則集中在每年的十月至十二月間，老葉會依序掉落。若真的嫌麻煩，說不定只栽種在同一個時期落葉的落葉樹，會比種植常綠樹來得更省事。

天牛蟲害

介殼蟲蟲害

81.

害蟲與疾病的處置

害蟲、疾病和植物之間，彷彿存在著一種斬不斷、理還亂的宿命。有些害蟲，譬如黃刺蛾和茶毒蛾的幼蟲，對人體有害，不小心碰到會產生疼痛或奇癢的症狀。好在這類害蟲基本上都是可以事先預防的。不過並不是所有的蟲子都是害蟲。好比說漂亮的蝴蝶和叫聲清脆的鈴蟲，非但無害，還能加深庭園的風情。又比如蜜蜂，是花粉的媒介，有助於植物授粉，在生態系中扮演著非常關鍵的角色。所以就算植栽真的生病了，或者發現了害蟲，也切記不要過度反應。更何況植物本身具有抵抗力，就算抵抗力再差，要真的枯死，也並不那麼容易。換言之，凡是發現人體無害的蟲類，請務必記得冷靜面對，千萬別想一網打盡，傷及無辜。面對害蟲和植栽的疾病，我認為最重要的就是去瞭解、認識它們。以下就來簡單介紹一下病蟲害的處置方法。

◎自行處置

一般來說，害蟲只要早期發現，大多都能自行處置，不必特別尋求協助。一旦發現了，立刻用手殺死是最有效的辦法。若是蚜蟲之類的害蟲，則可以用水噴灑去除。此外，澆葉其實也能預防不少可能發生的病蟲害。

◎使用藥物

如果打算使用藥物驅除害蟲，可以到園藝用品店或大賣場買到所需的藥劑。要是狀況較為嚴重、卻不知道該買哪一種，或者不是非常緊急的狀況時，建議最好詢問專家。

園藝用的藥劑種類繁多，不過基本上分為殺蟲劑、殺菌劑、殺蟎劑等三種。每一種藥劑又分成預防劑和治療劑兩種。原則上只要使用了預防劑，害蟲就不會靠近，即可遠離病蟲害。但是請記得，預防劑不具殺蟲與療效的功能，純粹是透過驅趕的方式預防狀況發生。治療劑才可能直接殺死害蟲和治療病變。

殺蟲劑顧名思義具備了消滅害蟲的能力。殺菌劑所消滅的則是霉菌、細菌之類的微生物，藉此避免這類微生物所可能引發的病變。殺蟎劑則是專殺蜱蟎用的。因為一般的殺蟲劑和殺菌劑殺不死蜱蟎，所以才有這種蜱蟎專用的藥劑。此外，持續使用同一種藥物，害蟲和疾病會自然產生抗藥性，所以就算使用某一種藥劑非常有效，也請記得和其他成分近似的藥劑交替使用。

◎不想使用化學合成藥劑時

如果對化學合成藥劑特別敏感，不打算使用，建議不妨採用無機質類的藥劑（CellcoatAGRI：一種醫藥用品中常見的無害丙烯成分）或者平常用來消毒雙手用的消毒水預防或驅除病蟲害。另外也有不少採用麥芽糖、耶子油、除蟲菊等天然成分製成的藥劑。還有廣為人知的，木醋液和牛奶的效果也很不錯。

◎必須特別留意的害蟲與植栽疾病

大部分害蟲和植栽疾病就算能傷

82.

茶毒蛾蟲害

金花蟲蟲害

及植栽，也只有極少數會真正讓樹木枯死。發現時，記得要先殺死害蟲，然後剪除或切除患部，最後再行噴灑或塗抹藥劑。

以下我僅列出幾種最可能造成植栽枯死的害蟲，請特別留意。

【天牛】

當植栽不應該看到紅葉的時候卻出現了紅葉，那可就要注意了。輕者可能較大的枝幹局部壞死，重者可能整顆樹木枯死。根部如果發現累積了一些木屑，表示樹幹裡住著天牛的幼蟲。請先確認樹幹上是否有些小洞洞。若有，則需立刻注入殺蟲劑。專用的殺蟲劑在大賣場就能買到。

【松墨天牛／松材線蟲】

這是一種造成松樹枯死的害蟲。松墨天牛會吃食松樹的枝條，然後滯留在松墨天牛體內的松材線蟲就會趁機鑽進松樹的傷口，在株體內繁殖，最後因為阻塞了維管束而導致整株枯死。

預防的方法有兩種。一種是阻止松墨天牛的出沒，另一種是阻絕已經侵入松樹體內的松材線蟲繼續繁殖。前者和一般預防病蟲害的方法相同，透過藥劑即可迫使松墨天牛遠離。通常施用藥劑的時間是在松墨天牛成蟲出現以前的初春進行。後者則是使用樹幹注入劑，即可預防松材線蟲增生，必須在松墨天牛成蟲出現的三個月以前注入。

【櫟長小蠹】

櫟樹枯萎是由櫟長小蠹帶來的櫟樹枯萎病真菌（霉菌的一種）所造成的傳染性枯萎病（罹患後急速枯死的一種植物病變）。處置的方法是在樹幹注入殺菌劑，避免病原菌繼續在株體內繼續蔓延。

雜草的處置

在庭園造景業界，我們從來不說「拔草」而是說「除草」。意思是雜草必須斬草除根。因為若不斬草除根，必定「春風吹又生」。尤其是長在青苔上或苔蘚植物邊的雜草，務必要儘速除之後快。因為雜草的根會破壞苔蘚植物的抓地力，導致剝離土地的狀況發生。

除草可以說是庭園維護中最辛苦的一項工作，不過除草的當下也正是最能讓人感受到庭園之美的時刻。因為必須蹲下身、彎下腰，更近距離地瞪大眼睛仔細觀察植栽的狀態。過程中一定會發現許多形形色色、妙不可言的植栽造形。有些雜草甚至可比植栽，開著漂亮的花朵，非常好看，會不禁讓人捨不得摘除，想手下留情，讓它們多活幾天。好比說魚腥草就是一種帶有腥味，大多數人都不喜歡的雜草，但是梅雨季一到，會開出非常漂亮的小白花，它的葉片甚至還可以用來泡茶。查詢雜草的名字、種類，記下它們的習性，其實也是享受庭園樂趣的一種方法。

83.

修剪讓植栽更臻完美

植物的生長是永無休止的。原本一株樹幹細瘦、高不過兩公尺的樹木，即使我們對它不聞不問，任其自然生長，十年後也很可能搖身一變，成了一株比房子還高的大樹。就算是生長速度較為遲緩的樹種，也一樣會橫向發展，變得鬱鬱蒼蒼。在日本的氣候環境中，即便種在院子裡，轉眼間也會變得雜亂叢生。樹木一旦變得茂密，下方的花草也會因為相互競爭而有部分被自然淘汰，或因缺乏日照和養分而難以生存。

這類樹下的花草難以生存的狀況，在樹木長得特別茂盛的山林中也極為常見。相反的，在都會區裡，常見的則是沒有樹木的空地上雜草叢生。因此，要想讓庭園中的植栽維持良好的狀態，勢必需要透過修剪或摘除等人工作業來控制植栽生長作業。

修剪的工作主要是在減緩植栽生長的速度、減低枝葉的密度，讓樹間的空氣流通，提高植栽本身的透光度，讓陽光得以照到樹下。當然，維持漂亮的樹形和枝形也是修剪的重點。有些人可能會問，為什麼生在野外的植物從未經過修剪，樹形卻還是那麼漂亮？野生植物的樹形多半是靠著周遭的自然環境——特別是由日照的狀況決定的。換言之，生長在野外的植物等於都是經由陽光修剪的。

可是當我們把野生的植物移植到院子裡，肯定無法提供它們完全一樣的生長環境。因此，它們的樹形也會因為環境改變而逐漸變形。正因為變形的結果未必是我們預期的狀態，所以才需要一面觀察它們的變化，一面適度地進行調整，讓植

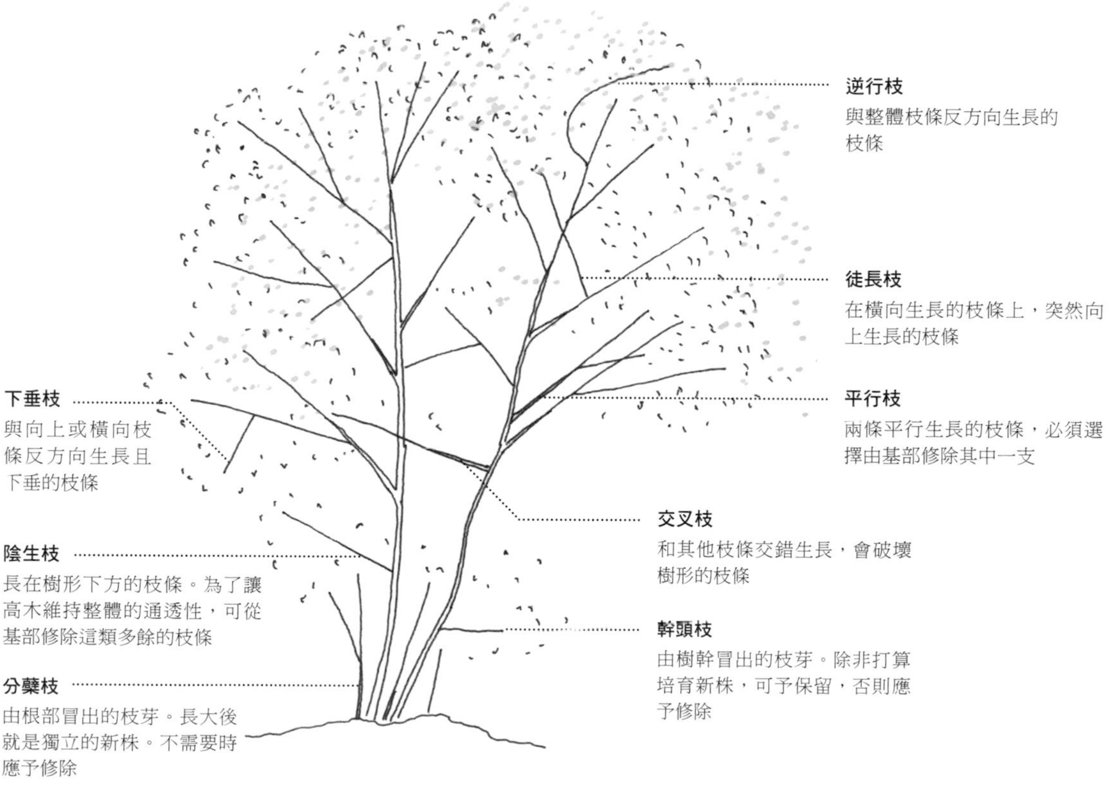

逆行枝
與整體枝條反方向生長的枝條

徒長枝
在橫向生長的枝條上，突然向上生長的枝條

平行枝
兩條平行生長的枝條，必須選擇由基部修除其中一支

交叉枝
和其他枝條交錯生長，會破壞樹形的枝條

幹頭枝
由樹幹冒出的枝芽。除非打算培育新株，可予保留，否則應予修除

下垂枝
與向上或橫向枝條反方向生長且下垂的枝條

陰生枝
長在樹形下方的枝條。為了讓高木維持整體的通透性，可從基部修除這類多餘的枝條

分蘖枝
由根部冒出的枝芽。長大後就是獨立的新株。不需要時應予修除

栽的外觀更臻於完美。這就是修剪工作的最終目的。至於修剪的程度，自然也必須根據實際栽種的位置有所改變。譬如我們會配合入口門廊、客廳的景觀區、二樓的視野景觀等等不同的空間，約略改變修剪的方式。同時還會留意與住屋之間的平衡感，還有與街區之間的協調性

修剪的方式大致分為疏剪和結構剪兩種。這兩種方式正好是利用了完全相反的植物特性。通常，只要修剪了枝條的前緣，被修剪的部位日後一定會萌生更多的短枝。所謂的結構剪，正是利用這種特性來製造出圓形或方形的樹形。相信大家都見過外觀呈圓形的杜鵑和方形的綠色圍籬，所採用的便是結構剪。

相對的，疏剪所修剪出來的則是自然的樹形。我們會從枝條的基部將交錯的枝條剪除或切除，減低枝葉的密度。若硬是從枝條的中間截斷，一來看起來會很不自然，二來剪除或切除的部位日後會生出細小的枝條，很不好看。所以疏剪時務必要從枝條的基部，並且順著樹幹的方向下刀。也正因為疏剪更容易凸顯出植栽原本的個性，我個人大多會採用此種方式，以維持植栽的自然風貌。

· POINT ·

切除較粗的枝條時，由於切口的斷面較大，需要較長的時間癒合傷口，故往往會因雜菌或雨水的侵入而造成腐壞的狀況。為了保護切口免於雜菌和雨水的干擾，務必記得要在切口上——特別是較大的切口塗抹傷口癒合劑。

【癒合範例】

癒合良好

癒合不良

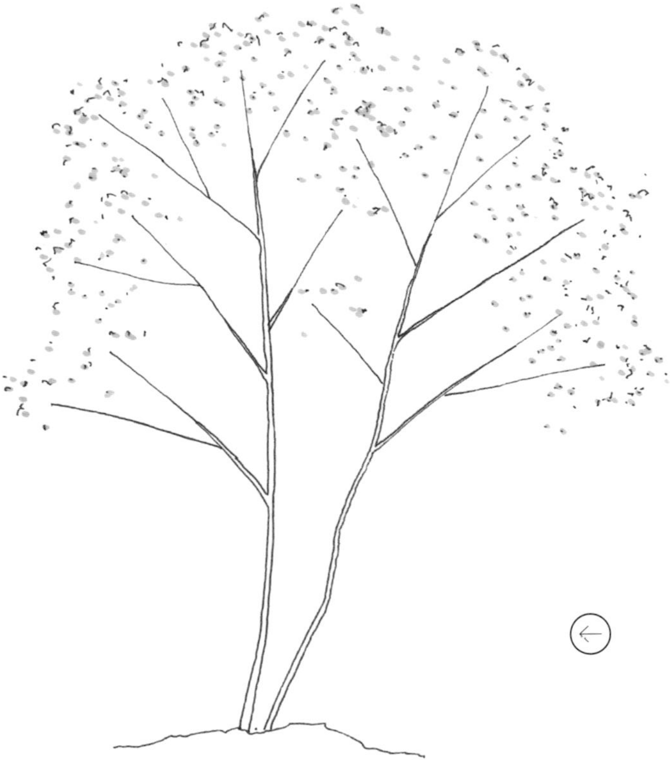

· AFTER ·

· BEFORE ·

84.

疏剪的具體方法

疏剪時，我們通常會思考三個基本面，亦即「疏密」、「剛柔」和「枝條的流向與樹形」。

◎調整密度

「疏密」代表著植栽枝葉的數量。你也可以單純地想成，葉片少的狀態就是疏，葉片多的狀態就是密。植栽會因為枝條的多寡而產生疏密的差距，因此我們必須適度地修剪密度較高的部分，將它由密轉疏，這就是「調整密度」。一棵樹一經調整，四周的植株也必須配合著重新修剪，做整體修剪。但是不同種類的樹木又會因為葉片大小而產生不同的密度，因此修剪時必須試著從稍遠的距離，想像每一棵樹的透光度，盡可能讓整體的透光度一致。

植株的「疏密」又往往必須根據所在的位置或功能而做調整。譬如用來遮蔽視線的植栽必須維持一定的密度，而種在中庭裡的喬木則為求採光，必須維持一定的疏度。

◎柔化枝條給人的印象

「剛柔」是指從枝幹所接收到的直覺印象。細瘦直弱、隨風飄動的，我們習慣將它形容成「柔」；相反的，粗強笨重、如如不動的，便是「剛」。會讓人感覺「柔」的枝條，它的細瘦感一般是由基部緩緩地延伸到枝條的末稍。若是只有末稍細瘦，下半株卻是粗重的，就

• BEFORE •

• AFTER •

【局部修剪】

由於中間的交讓木枝葉密度較大，因此要配合兩旁植栽的疏密程度進行修剪。而且修剪並非一次到位，而是根據季節的變化，花一整年時間逐步進行。

• BEFORE •

• AFTER •

【整體疏剪】

配合庭園整體的疏密狀況進行修剪。這類修剪大多是在秋冬兩季進行。

修剪幹頭枝。從樹幹上長出的新枝新芽，除了流向良好的之外，一律要趁它還小的時候予以剪除。

修剪時的細部作業：摘除老葉。手續雖然麻煩，卻可以減少植栽的負擔，讓樹體生得更美（上）。分岔過多的枝條也必須適度地減量，進行局部修剪（下）。

不會給人「柔」的感覺。而「剛性」的枝條則是由基部粗到中段，然後突然變細的狀態。

最是「剛性」的，莫過於從基部粗到中段，然後就此截斷的枝條。基本上這類「剛性」枝條都是人工修剪所造成的。因為只要我們重複修剪同一個部位，枝條一定會越長越粗。而要想柔化枝條給人的印象，一定得找適當的時機，將這類過於剛性的枝條修掉，必要時甚至必須將長在樹幹上已然成熟的枝條整段切除。

◎調整樹勢

「枝條的流向」指的是樹幹或枝條生長的方向。一般我們也會把這個流向稱為「樹勢」，而調整樹勢最主要的目的，是為了形塑出株體的整體美。原則上，我們會透過修除東生西長、參差不齊的枝條（譬如逆行枝、徒長枝）的方式來調整樹勢。切除比較粗大的枝條時，最重要的就是必須觀察樹木整體的流向，並且留意每一次下刀，都不能改變或影響到枝條的流向。

另一個觀察點則是必須維持植株完好的「樹形」。在實際的作業過程中，維持完好的樹形就是要培養「替換枝」。這就好比人類社會必須不斷培養後進一樣，修剪植栽的時候也必須如此。修剪時，我們固然必須抑制枝條的過度生長，柔化枝條、留意枝條的流向，維持完好的樹形，切除粗重、剛性的枝條，但是不管再粗的枝條，也不能因為修剪而破壞了樹形。這就是為什麼有些時候，為了切除某一根枝條，必須做好幾年準備的原因。

具體來說，譬如幹頭枝，必須保留其中流向正確的，把它們視為日後可以接替老枝的後繼者。不過也請特別留意，我們看過太多失敗的案例，要不是忘了保留，一口氣修剪得一乾二淨，要不就是保留了過多替換枝，結果反而調整不出完好的樹勢，或者破壞了枝條的流向。

總而言之，由於樹木有好幾個面向或特性，修剪時必須根據葉片的數量、樹形和樹勢進行。但願每一位讀者都能配合植栽實際的生長狀況，在下刀之前和樹木充分對話，進而享受到照顧與維護植栽，以及庭園生活的樂趣。

・楓樹、槭樹的修剪・

【冬季】落葉期間（十二～一月）將枯枝、忌生枝、交叉枝等等的所謂「不良枝」，從基部修除。

【夏季】大量的枝條生長茂密，需進行適度的疏剪。但須留意，過度修剪可能有礙樹體的健康。

・楓樹、槭樹在修剪時應特別留意枝條的流向。

・應修除幹頭枝並保留流向良好的枝條。

・開花植物的修剪・

・剪除已經長出花芽的枝條可能會減少開花的數量。

・花芽大致分為開花前一年萌生的，和開花當年出現在枝條上的兩種。應在全數花開枯萎後即刻剪除。

・花芽的形成因植栽的種類而異，須確實參考植物圖鑑。

・赤松的修剪・

主要修剪時間為秋冬兩季。用手摘除老葉（摘葉），更容易保持柔性的樹形。由於赤松的新枝新芽只會生在年輕的枝條上，枝條不會更新，故切除較粗的枝條時應三思而後行。

85.

草坪的保養與維護

◎割草（修剪）

說到草坪的保養與維護，大家第一個想到的應該都是割草吧？割草看似是件麻煩事，其實真正做過就知道其實是件挺叫人開心的工作。一來割完之後會很有成就感，二來是因為可以享受到草皮的香味。至少我從沒見過比割草更容易上癮的事。所有本來對割草絲毫不感興趣的人，幾乎只要割過一次就會對此樂此不疲（笑）。

剛種下的草皮通常都會向上生長，而一旦經過修剪，則會改為橫向發展，密度增加，變得更加細緻、勻稱而且漂亮。一般來說，最佳的割草時間是在草皮的生長期，每個月修剪二到四次。

至於修剪後的高度，以維持在一・五公分至二・五公分為最佳，不過還得依實際的狀況而定。要是定期修剪，一般家庭大約維持在兩公分左右高度，草坪就能保持得相當好看。要是高爾夫球場，定期修剪時則會割到大約〇・四公分的高度。

基本上不要等到草皮長得太長了才動手，萬一已經長得很長，修剪的高度也得調高。最簡單的判斷方式，就是把現有的高度除以二。或者以保留草皮的莖為原則，不要割到草莖。因為如果割斷了草莖，可能會降低草株的存活率。最好能分階段進行，不要想一次到位。要是溝葉結縷草，由於十一月前後就停止生長了，這時候最好暫停修剪。冬天是草皮的休眠

這是由Baum-style建築師事務所，建築師藤原昌彥所設計的「雙庭之家」。草坪庭園彷彿兩座海島之間的海峽。邊緣地下埋設了草皮分隔板，以免越界。使用草皮分隔板的另一個好處是，有利於使用割草機修剪。若不分隔，草皮會貼著住屋和外牆邊生長，割草機割不到的地方就必須以人工方式修剪。

期，所以通常入冬後都不需修剪。

在修剪的同時還有一點要特別留意，就是草坪的邊緣。草皮的地下莖會逐漸橫向發展。因此一般我們都會在草坪邊界的地下埋設草皮分隔板，以免草皮越界。但是到了生長期，草皮仍舊會爬過分隔板。為了防止這樣的狀況發生，一般都會用剪刀修剪草坪的邊緣。此外，由於草根會集中在邊界的磚塊或分隔板上，必要時也可能會用到鐮刀。

◎關於割草機

割草機一般以動力的方式分為手動式、電動式和引擎式三種類型。至於要選用哪一種，主要是根據草坪的面積和預算決定。通常庭園面積低於一〇〇平方公尺時，多會選擇手動式或電動式，一〇〇平方公尺以內只要挑選手動推進式的即可。要是預算充足，選擇電動推進式的也不錯。面積若是大於一〇〇平方公尺，則建議採用引擎式。地形若屬斜坡地，還可以挑選坡地專用的。

割草機本身也需要保養。缺乏保養時，草葉會出現距齒狀，割完後會看到白色的葉邊，不太好看。發現這類狀況時，割草機的刀片就得重磨或者調整角度。一般習慣把割草機刀片磨利稱為「研磨」。部分廠牌甚至有專業研磨刀片的公司。挑選割草機時，不妨也根據刀片保養公司的有無做為選購標準。

上圖是使用KINBOSHI的園藝專用保養剪，剪除越界的草葉。割草機方面，我個人建議購買採用和高爾夫球場一樣的刀片機種，會比較耐用。

越常待在庭園裡
庭園越有家的氣息

◎除草步驟與雜草對策

修剪草坪之前必須先拔除雜草，而且必須連根拔起，才不會再生。要是不想動手拔，可以考慮使用除草劑。除草劑分為除去特定種類雜草的選擇性除草劑，和全部殺光的滅生性除草劑兩種。後者會讓整個草坪都枯萎，當然是不適用於庭園。

選擇性除草劑會因成分的不同，殺死不同的草類。使用前最好先詢問專家，以免誤用；同時還要特別留意用量，使用過量也可能傷到草皮。

◎給水

入春以後，氣溫升高到攝氏二〇度上下時，草皮會開始生長，這時候請每隔二到三天給水一次。

入夏以後，給水的時間則要改在早晚氣溫較低的時段。在白天高溫時給水，水分容易灼傷草皮。

入冬以後，種植溝葉結縷草之類的日式草坪，因為草皮已經進入了休眠期，故無需刻意給水。除非久旱不雨，感覺草皮缺水了，才需每週給水一次。基本上草坪需要斷斷續續地少量給水，我個人比較建議安裝自動灑水系統。

◎施肥

施肥有助於加速草皮的生長和提高草坪的密度。施肥後草皮一定會長高，請務必記得修剪。施肥的時間可在每年的四月到十月間，每月進行一次。修剪後七至十天內進行效果尤佳。但梅雨期間施肥可能容易造成病害，應留意避免。

施肥的方式可採用涵蓋植栽成長三大要素的漸進式施肥法。三大要素即氮（N）、磷（P）和鉀（K）。

梅雨前後若氮量過多，草皮的抵抗力會變弱，建議根據草皮本身的生長狀態，或調整氮量、或減量施肥，即可抑制草皮不斷向上生長。

◎加沙

在草坪上平均加上一層沙土，可讓草皮煥然一新。每年進行一次即可。一般加沙的時間約在三到五月間。平常若發現草皮變形、或因蟲害出沒導致地上出現許多小洞時，亦可不定期進行。若在秋末草皮進入休眠期時進行，反而會容易造成草皮枯萎或抵抗力下降等現象。

加沙時不可完全覆蓋草皮的葉片，因為完全覆蓋的話很容易枯死。加入時可用推平器推平。一般沙土的厚度約在三到五公釐之間（相當於每平方公尺鋪撒五至一〇公升）。沙土的種類以河沙或山沙為宜。挑選時盡量選擇顆粒較細（約〇・五到三公釐）的較好。

◎病蟲害的預防

溝葉結縷草屬於抗蟲性較強的草皮品種，不過一般來說，只要草皮的抵抗力一下降，任何種類都一樣容易感染病蟲害。因此預防病蟲害最有效的方法就是讓草皮經常保持在健康的狀態。萬一不幸感染了，嚴重時可考慮噴灑農藥。

◎草皮枯萎時

草皮難免會因為缺水或病蟲害而局部枯萎。但通常只要根部長得夠深，就會自然復原，只是需要點時間。若發生大面積枯萎，建議重新鋪設。

・肥料的比例・

【繁殖期】
採平衡型比例。以每平方公尺二〇克為標準。
N10：P10：K10或N8：P8：K8

【初春期】
宜提高磷肥比例。
N5：P10：K10

【梅雨期】
宜降低氮肥比例。
N0：P10：K10

每一個房間都看得到的庭園是住屋的中心。配置的草坪彷彿兩座海島之間的海峽，四周則植栽滿佈，不同的角度有著不同的風情。偌大的木棧平台可以烤肉聚餐，既是家人也是朋友間感情交流的場所。

雙庭的家（岡山）

設計：Baum-style建築師事務所
施工：Baum-style建築師事務所
基地面積：346.74m²
建築面積：127.02m²

要讓植栽
適應土地的環境
需要點時間。

在根深深扎入土地以前，
難免落葉
與枯枝，
只因它正
透過根與葉
進行自我調整。

每一棵樹木，
都在向我們訴說著同一句話：
我會長得美好。

屋主Ａ先生寄來的明信片。上頭畫著他家庭園裡長得香甜可口的橘子。明信片上還開心寫著，他們夫妻倆現在常在晚餐後，在院子裡享受美好的咖啡時間。（圖中文字：享受吃的庭園）

今後也懷著愛心
去面對吧。
它們必將歡喜以報。

但願每一個人
都能根據自己的喜好
親手打造庭園，
在接觸泥土和植栽的過程中
尋得生活的樂趣。

也願每一個人
都能隨著時間的過去，
充分享受到
庭園日漸成熟的模樣
和四季變化之美。

——荻野壽也

Appendix .

巻末
住屋造園
植物圖鑑

140

Trees. | Lower Trees.
Bushes. | Sakura and Azalea.
Flowers and Undergrowth.
Wild Grass.

Contents .

目次

高木

A-06 赤松
07 西南木荷
07 具柄冬青
07 薯豆
08 杜英
08 鋭葉新木姜子
08 山龍眼
08 大柄冬青
08 疏花鵝耳櫪
09 日本小葉梣
09 水榆花楸
09 栓皮櫟
10 黃花風鈴木
10 雞爪槭
10 枹櫟
10 小羽團扇楓
10 日本厚朴
11 深山梣
11 四照花
11 山槭

中木

A-12 油橄欖
13 波緣山礬
13 山礬
13 肥前衛矛
14 斐濟果
14 緬梔花
14 桫欏
14 白水木
14 顯脈紅花荷・小脈紅花荷
15 鶯神樂
15 木繡球
15 加拿大唐棣
15 垂絲衛矛
15 白葉釣樟

低木

A-16 日本莢蒾
17 青木
17 草莓樹
17 蒲草
17 香桃木
17 琉球莢蒾
18 瀨戶白山茶花
18 烏藥
18 丸葉車輪梅
19 鴛鴦茉莉
19 地中海莢蒾
19 顯脈茵芋
19 山桑子
19 野櫻莓
20 奧多摩小紫陽花
20 壺花莢蒾
20 美國鼠刺
21 笑靨花
21 粉花繡線菊・日本繡線菊花
21 雞麻
21 腺齒越桔
21 薩摩山梅花・梅花空木
22 青莢葉
22 紫荊
22 大繡球花
22 山巫楂木
22 藍莓
23 結香
23 紫葉蔓荊
23 歐丁香

Contents .

目次

花草・草皮（地被）

A-30 百子蓮
31 老鼠簕
31 細葉紫唇花
31 香爪鳶尾花
31 東方聖誕玫瑰・大齋期玫瑰
31 多鬚草
32 長莖百里香
32 常綠淫羊藿
32 亮葉紫菀
33 黃水枝
33 狹葉黃精
34 寶鐸草
34 紅蓋鱗毛蕨
34 闊葉山麥冬
35 藍喬治地被婆婆納
35 秋火柳葉栒子
35 岩沙參
35 紫錐花
35 粗莖鱗毛蕨
36 灰葉豬
36 白花劍蘭・白花唐菖蒲
36 雄黃蘭
36 輪葉金雞菊
36 鷺蘭
37 溝葉結縷草
37 秋牡丹
37 白芨
38 三色景天
38 榕葉毛莨
38 黃花萱草
39 銅錘玉帶草
39 粉黛亂子草
39 槭葉草
39 細莖針茅
39 羽絨狼尾草
40 河百合
40 紫燈花・西伯利亞綿棗兒
40 花韭
40 砂蘚
40 大灰蘚

櫻樹・杜鵑

A-24 枝垂櫻
25 大阪冬櫻
25 十月櫻・大葉早櫻
25 山櫻花
26 高山玫瑰杜鵑
26 久留米杜鵑（蝶舞杜鵑）
26 大紅杜鵑
26 錦繡杜鵑
26 堀內寒笑杜鵑
27 本霧島杜鵑
27 本石楠花
27 日本吊鐘花
27 油杜鵑
27 尖葉杜鵑
28 歐洲杜鵑
28 五葉杜鵑
28 梅花杜鵑
29 隼人三葉杜鵑
29 春一番杜鵑
29 鈍葉杜鵑

山野草

A-41 側金盞花
42 日本落新婦
42 矮桃
42 豬牙花
42 紫玉簪
42 花蓼
43 日本百合
43 多葉蚊子草
43 日本白絲草
43 日本菟葵
43 五葉黃連
44 紫斑風鈴草
44 破傘菊
44 球序韭
44 全緣燈台蓮
44 水金鳳

Glossary.

用語解說

以下解說本圖鑑所提及之植栽修剪與
植栽相關專用術語。

秋植球根
適合秋季種植的球根花卉。此類花卉通常花形大又好看，且容易栽種，常給人一種開花前內斂深沉、開花後格外驚艷的感受。

一年生草本植物
萌芽後一年內開花、結果而後枯萎的植物統稱。花期長且生長速度穩定，常被用作庭園重點植栽，亦相當適合用來表現居住者偏好與當下心情的植栽種類。

截剪
從枝條基部修除整根枝條的修剪方式，常用於樹體過高過大或枝葉過密時。落葉樹多於冬季進行截剪，常綠樹則於入春以後。部分樹種一經截剪，截除部位會萌生更強壯枝條，故有時必須分期計畫，分成數年多次修剪。

苔蘚植物
缺少運輸水分和養分維管束的陸生植物統稱，可立即提高庭園完成度。栽種時須根據庭園日照條件來選配不同的種類。

宿根草本植物
冬季地面部位枯萎、地下部位進入休眠狀態的多年生草本植物。為避免入冬後出現大面積枯草景象，大多會與常綠草本植物搭配種植。

常綠高木
終年生長而不落葉，且屬於高木的木本植物統稱。冬季枝葉濃密，具有視線屏蔽功能。須特別留意的是，若靠南側栽種容易遮蔽入冬後的日照。

常綠多年生草本植物
終年生長而不枯萎的多年生草本植物統稱，挑選時格外重視葉形和葉色。其中發出香氣的香草植物多選種在玄關或通風較佳的位置。

常綠中木
終年生長不落葉、且屬於中木的木本植物統稱，多用於入冬後仍須綠意或有需要屏蔽視線的位置。若種在缺乏日照處，樹形會稍顯貧弱。

常綠低木
終年生長而不落葉、且屬於低木的木本植物統稱，混合成群栽種可形塑出庭園的基本調性。透過疏剪即可降低樹群的厚重感，無需進行結構性的全面修剪。

疏剪
經過人工修剪後，仍保有植栽自然生長狀態的修剪方式。修剪時會盡量保留樹體原有的輪廓，減低枝葉的密度、改善透光條件。原則上不修剪枝條末梢，讓樹體仍能隨風搖曳。修剪後枝葉間空氣流通、透光良好，亦可避免滋生病蟲害。

耐寒多年生草本植物
耐寒能力特強的多年生草本植物，多使用冬季氣溫較低的庭園。但耐熱能力較差，栽種的位置以陰涼處為宜。

多年生草本植物
擁有數年壽命、每年開花的植物統稱，可增添地面的綠意。須根據日照與土壤條件，以及住屋整體的氛圍進行選配。

徒長枝
從樹幹或枝條分歧而出，朝上直立生長的枝條。由於容易破壞樹形，故多直接修除。但在某些狀況下，如對樹體高度有所要求或有意凸顯植栽整體的密度時，會予以保留。

澆葉
將水直接澆灑在葉面上的給水方式。種在室內或屋簷下、雨水無法直接澆淋的植栽，葉面往往容易乾枯、堆積塵埃或滋生病蟲害。採以噴霧式或以水管、噴壺等方式澆灑葉面，即可維持植栽的健康。但若植栽位在戶外，夏暑時以此方式澆灑可能灼傷葉片，故應避免在天熱時澆葉。

半落葉低木
半落葉（或半常綠）係指植物因所處的環境、位置，在某段期間內葉片脫落，且落葉規模介於常綠和落葉之間的植物特性。部分具有半落葉特性的樹種，除葉片脫落外樹形亦可能顯得纖弱，若有視線遮蔽的需求，須留意樹種的選擇。

分蘗枝
從靠近地面的樹體下緣生出的新枝。因可能破壞樹形，多半逕行修除，但亦可能因樹體過高或主體老化而以此取代來進行樹體更新。

山採
從野外挖取野生樹種，將其移植到庭院栽種。野生樹種因野外養分有限，必須和其他植物競爭搶食，因此枝幹多半細瘦堅實，樹形獨立且別具一格。部分農戶也會在無法種植農作物的坡地培植樹苗，細心栽培成半天然野株。

落葉高木
在一定期間內葉片會自然脫落、屬於高木的木本植物統稱。此類高木的樹形纖細且表情豐富，多用來強化庭園中雜樹林的印象。若靠南邊種植，夏季可利用茂密枝葉作遮陽之用，冬季亦可藉由落葉後樹型單薄而採光較佳。

落葉中木
在一定期間內葉片會自然脫落、屬於中木的木本植物統稱。常用於遮蔽視線，多挑選花果與樹形較具特色的品種，且大多與高木比鄰而種，以免陽光過度曝曬，造成灼傷。

落葉低木
在一定期間內葉片會自然脫落、屬於高木的木本植物統稱。多挑選花形或香氣獨特的品種，好讓居住者更能具體地感受到四季變化。

Category. 1

高木（3公尺以上）

景觀庭院的主樹。通常是庭園規劃過程中第一個種下的樹種，以確立整體空間的重心。栽種前造園師會仔細評估住屋與樹體的關係，從而找出最合適的栽種地點，因此在整體規劃中，高木扮演著極為重要的角色。此外，高木本身的高度也能加以活用，如栽種在住屋南側可產生遮蔽日照、降低室內溫度的效果。當較高的樓層缺乏遮蔽物時，建議選擇較耐日照的品種。

赤松

松科／常綠高木

〔分布〕
北海道・本州
四國・九州
朝鮮半島
中國（東北）

〔花果期〕
【花】—
【果】—

〔日照〕
全日照生長

特性與植栽重點

樹體粗大、造形獨特，日本俗稱庭木之王。外觀赤紅、樹形優美，容易和其他樹種搭配。將它設為庭園中最高的樹種，可立即形塑出庭園空間的開放和沉穩。耐旱，喜歡陽光。種在排水良好的貧瘠土壤反而更健康、更能培育出漂亮的樹形。是日本山景的代表樹種，值得栽種以不斷繁衍。

保養與維護

當枝條亂生、枝間照不到陽光時，雜枝容易枯萎，混雜於樹間。適時地修除老舊枝條、調整枝條密度、修繕樹幹，即可常保美觀。須特別謹防松墨天牛與及媒介的松材線蟲，會造成松科植物就地枯亡。

西南木荷

山茶科／常綠高木

〔分布〕
九州（奄美諸島）
沖繩

〔花果期〕
【花】4～5月
【果】—

〔日照〕
全日照生長

特性與植栽重點
葉色深濃，可作遮蔽視線之用。每年初夏向上綻開外型清秀的白花。適合種在氣候溫暖的地區。

保養與維護
修剪不必要的枝葉、保持自然的樹形即可。入夏以後減少修剪則可讓花朵開得更多。

具柄冬青

冬青科／常綠高木

〔分布〕
本州・四國・九州
中國、台灣

〔花果期〕
【花】6～7月
【果】10～11月

〔日照〕
半日照生長

特性與植栽重點
樹葉會隨風發出沙沙的摩擦聲。常見於赤松林間，偏好排水良好的土壤。耐寒、耐陰。

保養與維護
枝條一般並不亂生，樹形容易維持。修剪時保持自然的樹形即可。極少出現病蟲害。

薯豆

杜英科／常綠高木

〔分布〕
本州（近畿地方以西）
四國・九州・沖繩
中國・台灣

〔花果期〕
【花】5～6月
【果】—

〔日照〕
半日照～全日照生長

特性與植栽重點
葉片呈長橢圓狀，樹體給人輕盈的印象。在常綠樹中屬於較為耐寒的樹種，在半日照的環境下生長，樹形會稍顯纖細。原分佈在氣候溫暖的地區，樹高可達二〇公尺，種植在庭園中則大多二～四公尺左右。

保養與維護
無病蟲害之虞。植栽若源自山採，樹體容易長出分歧枝條而影響樹形，須稍事修剪，保持枝間的空氣流通。類似薯豆這樣葉面光滑的常綠樹，最好能定期澆葉，清除葉面灰塵以保持葉片美觀。

杜英

杜英科／常綠高木

〔分布〕
本州（千葉縣以西）
四國・九州・沖繩

〔花果期〕
【花】6～7月
【果】—

〔日照〕
半日照～全日照生長

特性與植栽重點
老葉的葉色會由綠轉紅，一年四季皆能看到。枝葉濃密，是遮蔽視線用的絕佳樹種。

保養與維護
維持自然生成的樹形即可，修剪時須留意不要修剪末稍的枝條。

銳葉新木姜子

樟科／常綠高木

〔分布〕
本州（千葉縣以西）
四國・九州・沖繩
朝鮮半島、台灣

〔花果期〕
【花】3～4月
【果】—

〔日照〕
半日照～全日照生長

特性與植栽重點
特徵為春初時會集中綻開紅色小花。劃破樹枝或葉片會泛起淡淡的香氣。只要種在半日照的位置，避免西曬，即可常保樹形的美觀。

保養與維護
須去除老葉以保持樹體的美觀。無需動用修剪工具，直接用手摘除即可。

山龍眼

山龍眼科／常綠高木

〔分布〕
本州（東海・中國地方・紀伊半島）
四國・九州・沖繩
亞洲（東南部）

〔花果期〕
【花】7～9月
【果】—

〔日照〕
半日照～全日照生長

特性與植栽重點
適合種在氣候較溫暖處。花小，狀似刷子。葉薄，幼葉有鋸齒。不挑栽植地點，即使缺乏陽光照射亦能正常生長。

保養與維護
樹體會長出分歧的枝條，修剪時僅需維持原本的樹形即可。

大柄冬青

冬青科／落葉高木

〔分布〕
北海道・本州
四國・九州
朝鮮半島、中國

〔花果期〕
【花】5～6月
【果】—

〔日照〕
半日照生長

特性與植栽重點
樹皮較薄、不耐夏暑，須種在陰涼處，以免造成樹幹灼傷。葉色鮮綠柔美，枝條型態給人老樹的印象。

保養與維護
需要充足水分的樹種，夏季尤其不可中斷給水。

疏花鵝耳櫪

樺木科／落葉高木

〔分布〕
北海道・本州
四國・九州
朝鮮半島、中國

〔花果期〕
【花】4～5月
【果】—

〔日照〕
全日照生長

特性與植栽重點
新生帶紅新芽賞心悅目，樹幹成熟後樹皮會出現類似血管的紋理，給人極具生命力的印象。屬於不挑地點，是種在任何地方都能健康長大的樹種。

保養與維護
修剪時無需剪除末稍枝條，維持自然生成的樹形即可，僅需拔除徒長枝之類的多餘枝條。

日本小葉梣

木犀科 / 落葉高木

〔分布〕
北海道・本州・四國
九州・南千島

〔花果期〕
【花】5~6月
【果】—

〔日照〕
半日照～全日照生長

特性與植栽重點
因樹幹可作成球棒而為人所知。由於生長速度緩慢，樹體又不會大到影響住屋，在半日照的環境亦能生存，樹形不易走樣，常被用作中庭的主樹。樹幹造形優美，落葉後的型態亦頗具詩意。體型多樣，適合搭配各種形式的住屋造形。喜歡陽光，但日照充足時，樹形反而不那麼漂亮。

保養與維護
耐旱、耐寒，鮮少滋生病蟲害，是比較容易栽植的樹種。修剪時只需稍事疏剪樹幹附近的枝葉，容易保養維護。唯一要留意的是，栽種的第一年必須經常保持土壤濕潤，以提供足夠的水分。

水榆花楸

薔薇科 / 落葉高木

〔分布〕
北海道・本州
四國・九州
亞洲（東北部）

〔花果期〕
【花】5~6月
【果】9~10月

〔日照〕
半日照生長

特性與植栽重點
秋季時樹冠會生出許多紅色的小果實，非常好看。適合種在半日照或全日照的位置。由於環境適應力強，常被用作行道樹。

保養與維護
僅需稍事修剪，維持自然樹形即可，維護容易。

栓皮櫟

山毛櫸科 / 落葉高木

〔分布〕
本州（山形縣以西）
四國・九州
亞洲（東南部）

〔花果期〕
【花】4~5月
【果】隔年10~11月

〔日照〕
全日照生長

特性與植栽重點
外觀近似櫪櫟。樹皮因含有軟木脂而柔軟、具彈性。成長過程中樹幹會漸顯粗獷有力，因此觀察樹幹是種植栓皮櫟的一大樂趣。

保養與維護
應避免截剪，僅需稍事剪除亂生的枝條，維持自然樹形即可。

黃花風鈴木

紫葳科／落葉高木

〔分布〕
南美洲（原產地）

〔花果期〕
【花】4～5月
【果】—

〔日照〕
全日照生長

特性與植栽重點
巴西國花，花黃而豔麗。沖繩地區多用作行道樹。適合溫暖地區種植。

保養與維護
只要不種在寒風吹拂處，一般無需特別照顧。

雞爪槭

無患子科／落葉高木

〔分布〕
本州（福島縣以西）
四國・九州
朝鮮半島

〔花果期〕
【花】4～5月
【果】—

〔日照〕
半日照生長

特性與植栽重點
是變葉木中的代表樹種，相較於其他變葉木較耐得住烈日。但最好還是種在半日照的位置，會使樹形更美，且可避免樹葉乾枯。

保養與維護
入夏後須留意避免天牛在樹上產卵。

枹櫟

殼斗科／落葉高木

〔分布〕
北海道・本州
四國・九州
朝鮮半島

〔花果期〕
【花】4～5月
【果】10～11月

〔日照〕
全日照生長

特性與植栽重點
樹幹粗壯，與樹幹較細的樹種搭配，可製造景深。生長快速，適合作遮蔽烈日之用，屬軸根系，會由單一主根向下或向四周發展，生出多條支根。

保養與維護
任其自然生長即可，應避免截剪。耐旱，根部生成穩定後，無需給水。

小羽團扇楓

無患子科／落葉高木

〔分布〕
北海道・本州
四國・九州

〔花果期〕
【花】4～5月
【果】—

〔日照〕
半日照～全日照生長

特性與植栽重點
葉色多樣且變化多端，每一張葉片的顏色自成一格，有些甚至半紅半綠，美不勝收。

保養與維護
入夏後須留意避免天牛在樹上產卵。

日本厚朴

木蘭科／落葉高木

〔分布〕
北海道・本州
四國・九州
朝鮮半島、中國

〔花果期〕
【花】5～6月
【果】—

〔日照〕
半日照～全日照生長

特性與植栽重點
花朵和葉片的大小皆為日本最大，因以其葉片作為盤子的日本地方特色菜「朴葉味噌」而聞名。應避免西曬，以保持葉形的優美。

保養與維護
需大量給水，避免水分缺乏。樹形無需刻意修剪。

深山梣

木犀科／落葉高木

〔分布〕
本州
（關東・中部地方）
四國

〔花果期〕
【花】5月
【果】—

〔日照〕
半日照～全日照生長

特性與植栽重點
屬於深山中自然生長的樹種，樹皮平滑，枝條細美，葉片有尖銳的鋸齒。和同科的日本小葉梣一樣，生長速度緩慢。

保養與維護
耐寒，少病蟲害。修剪以疏剪為原則，維護容易。

四照花

山茱萸科／落葉高木

〔分布〕
本州・四國・九州
朝鮮半島
中國、台灣

〔花果期〕
【花】6～7月
【果】8～10月

〔日照〕
半日照生長

特性與植栽重點
花朵向上開在水平枝條上，故從上方觀看尤其美麗。應避免西曬造成樹葉乾枯。

保養與維護
會生出徒長枝，須修除。應特別留意給水，避免缺少水分。

山槭

無患子科／落葉高木

〔分布〕
北海道・本州
（青森縣～島根縣）

〔花果期〕
【花】4～5月
【果】—

〔日照〕
半日照生長

特性與植栽重點
葉色隨著日照強弱而改變，因此每一株的外觀會給人不同的印象。日照強時，樹幹容易乾枯變黃，應盡量種在半日照的位置。若非得種在全日照處，則應搭配其他樹種，利用樹蔭減少日曬。亦可種在中庭，減低陽光直射。

保養與維護
夏季需充分給水，避免水分缺乏。給水時應以澆葉的方式防止葉片乾枯，但須避免中午時分澆灑。枝葉過密時疏剪即可。病蟲害方面須特別留意入天牛以免造成全株枯亡。發現天牛幼蟲時，應儘速撲滅。

中木（1.5～3公尺）

常作為搭配高木之用。搭配高木種植，可營造樹林的印象。故大多選擇樹形柔美、表情較為生動的樹種。高度大約與人的身高相近，亦可作為遮蔽鄰居視線或維護居家隱私之用。此外，由於多半與高木搭配，日照會被高木遮蔽，故多會採用半日照生長的樹種。另外，因所佔據的視野面積較大，往往是景觀庭院給人第一印象的植栽種類。

油橄欖

木犀科／常綠中木

〔分布〕
地中海沿岸（原產地）

〔花果期〕
【花】5~6月
【果】9~11月

〔日照〕
全日照生長

特性與植栽重點

老樹的樹幹強韌英挺，對應出銀灰色葉片細緻柔美，散放著西洋風情。原屬乾燥地區的樹種，但只要種在日照充足、排水良好的位置，無需刻意選配土壤。能耐寒，但無法在高冷地區存活。果實可榨油或做為醃製食品的原料。若想採收果實，建議搭配不同的品種一起種植。

保養與維護

需隨時整理凌亂的枝葉，維持枝間空氣流通。春秋兩季應謹防象鼻蟲吃食樹幹。性喜乾燥，故須節制給水。修剪時須從枝條的基部修除。最好的修剪時間為二月份，其他時間只需適時修除多餘的枝條即可。

波緣山礬

山礬科 / 常綠中木

〔分布〕
本州（神津島・愛知縣以西）
四國・九州・沖繩
朝鮮半島（濟州島）
台灣

〔花果期〕
【花】3~4月
【果】—

〔日照〕
半日照～全日照生長

特性與植栽重點
樹皮與果實皆為黑色，一說可避免鳥類吃食。適合溫暖地區栽種。若種在半日照的位置，生長速度較慢，更容易維持柔美的樹形。

保養與維護
無病蟲害。僅需在樹形走樣時適度修剪即可。

山礬

山礬科 / 常綠中木

〔分布〕
本州（近畿地方以西）
四國・九州

〔花果期〕
【花】4~5月
【果】—

〔日照〕
半日照生長

特性與植栽重點
擁有常綠樹中罕見的纖柔樹形，給人溫柔婉約的印象。要想保有柔亮的葉片，最好種在半日照或陰涼的位置。

保養與維護
根淺而好水，須給予充足水分，避免缺水的狀況發生。

肥前衛矛

衛矛科 / 常綠中木

〔分布〕
本州（山口縣）
九州・沖繩
朝鮮半島（南部島嶼）

〔花果期〕
【花】4~5月
【果】11~12月

〔日照〕
半日照生長

特性與植栽重點
為日本較罕見的樹種，僅見於日本西部。適合半日照環境。葉色油亮，乍看會以為是柑橘類植物。花瓣呈綠色，不容易發現。細枝和果實的橫切斷面呈圓弧四角形為其特徵，果實成熟後會轉為橘色。常見於西式風格的庭院。

保養與維護
疏剪枝葉，保持枝間通風、透光，即可維持自然樹形。無特別需要留意的病蟲害。用於遮蔽視線或搭配高木時，僅需配合功能進行修剪即可。

斐濟果

桃金孃科 / 常綠中木

〔分布〕
南美洲（原產地）

〔花果期〕
【花】5～7月
【果】10～11月

〔日照〕
全日照生長

特性與植栽重點
原生於熱帶卻耐寒的果樹。葉背呈銀色，適於西式風格庭院。果實、花朵皆可食用。

保養與維護
枝條容易亂生，需定期修剪。

緬梔花

夾竹桃科 / 常綠中木

〔分布〕
西印度群島
熱帶美洲

〔花果期〕
【花】7～9月
【果】—

〔日照〕
全日照生長

特性與植栽重點
來自熱帶最具代表性的開花樹木。花朵呈星形，香味濃郁。僅能種植於熱帶地區。種在陽光充足且居上風的位置，即可定期享受樹花的撲鼻香。

保養與維護
樹形走樣時才需整修。修剪時需留意切口處流出的汁液，可能造成接觸性皮膚過敏。

桫欏

桫欏科 / 常綠中木

〔分布〕
伊豆諸島以南
中南半島～喜馬拉雅山區

〔花果期〕
【花】—
【果】—

〔日照〕
半日照生長

特性與植栽重點
僅能種在秋冬兩季溫暖潮濕的熱帶地區之大型蕨類植物。可為庭園營造出亞熱帶異國情調。

保養與維護
表土乾燥時需立即充分給水。給水時須連同莖部表面的氣根一併澆灑。

白水木

紫草科 / 常綠中木

〔分布〕
九州（種子島以南）
沖繩・小笠原群島
亞洲（東南部）
密克羅尼西亞群島
非洲

〔花果期〕
【花】2～6月
【果】—

〔日照〕
全日照生長

特性與植栽重點
僅能種在熱帶地區的樹木。耐潮、耐風。樹皮裂痕顯著，樹幹彎曲挺拔。厚實葉片上長滿銀白色纖毛。

保養與維護
由於自然生成的樹形非常好看，故僅需適時剪除枯枝即可。

顯脈紅花荷・小脈紅花荷

金縷梅科 / 常綠中木

〔分布〕
中國（南部）
越南、緬甸（原產地）

〔花果期〕
【花】3～4月
【果】—

〔日照〕
半日照～全日照生長

特性與植栽重點
耐陰性強的常綠樹。花朵長在枝條前端，花形近似石楠花。花期以外的時間葉片濃綠，枝條呈赤紅色，對比十分鮮明。

保養與維護
需給水充足，避免乾燥。無需修剪，僅需用手拔除枯葉即可。

鶯神樂

忍冬科 / 落葉中木

〔分布〕
北海道・本州・四國

〔花果期〕
【花】4～5月
【果】6～7月

〔日照〕
半日照～全日照生長

特性與植栽重點
日本原生樹種，擁有漂亮的果實和粉紅色喇叭狀花朵。日照充足時枝葉繁茂，花也開得更美。

保養與維護
枝條容易亂生，但只需適度疏剪，稍微調整樹形即可。

木繡球

忍冬科 / 落葉中木

〔分布〕
本州

〔花果期〕
【花】4～5月
【果】—

〔日照〕
全日照生長

特性與植栽重點
白色小花團聚叢生如繡球狀，美觀大方。花團直徑可達十二公分。

保養與維護
亂生的枝條需在冬季進行修剪。須留意蚜蟲和捲葉蛾的幼蟲出沒。

加拿大唐棣

薔薇科 / 落葉中木

〔分布〕
北美洲（原產地）

〔花果期〕
【花】4～5月
【果】6～7月

〔日照〕
半日照～全日照生長

特性與植栽重點
果實味甜可作成果醬，且外觀醒目，容易聚集鳥類，免於滋生病蟲害。花朵垂枝而開，秋天時轉成紅葉非常好看。

保養與維護
需剪除徒長枝以保持樹形。須留意黃刺蛾的幼蟲出沒。

垂絲衛矛

衛矛科 / 落葉中木

〔分布〕
北海道・本州
四國・九州
亞洲（東北部）

〔花果期〕
【花】5～6月
【果】9～10月

〔日照〕
半日照生長

特性與植栽重點
花果垂枝生長為其特徵，秋天生成紅色果實，萬種風情。應避免烈日，種在半日照的環境尤佳。

保養與維護
夏季需充分給水，乾旱時容易發生樹幹乾枯變黃。

白葉釣樟

樟科 / 落葉中木

〔分布〕
本州（山形縣・宮城縣以西）
四國・九州
朝鮮半島、中國

〔花果期〕
【花】4～5月
【果】—

〔日照〕
半日照～全日照生長

特性與植栽重點
秋季時葉片轉黃，非常好看，入冬後枯葉不會掉落，直到春天仍會留在樹上為其特徵。割破樹枝和葉片會發出獨特的香氣。

保養與維護
由於香味獨特，可驅趕害蟲，鮮少發生病蟲害。

Category. 3

低木（1.5公尺以下）

由於高度最接近人的身高，最容易讓居住者感受到它們的存在。一般多會選擇花果顯著或香味宜人的樹種。且因為多半作為襯托高木和中木之用，多被視為庭園中的基礎植栽，故多採取成群栽種，以造就庭園整體感。此外，亦會因為日式與西式庭園的設計風格而選擇不同樹種，因此是掌握庭園整體氣氛最為關鍵的一種植物類型。此外，低木也具有隱藏住屋地基和地面雜物的作用。

日本莢蒾

忍冬科／常綠低木

〔分布〕
本州（山口縣）
九州・沖繩
台灣

〔花果期〕
【花】4~5月
【果】10~11月

〔日照〕
半日照～全日照生長

特性與植栽重點

葉片大、葉色綠而富光澤的常綠樹，僅需半日照即可維持漂亮的樹形。春天開出宛如點點星光的白花，秋季生出深紅色果實，能讓人清楚感受四季變化。枝條細軟，多和高木、中木搭配栽種。既耐寒又耐熱，但由於原生自溫暖地區，不適合種在寒冷地區。

保養與維護

須留意蚜蟲、介殼蟲等害蟲出沒。金花蟲愛吃它的葉片，但不至於乾枯。修剪時僅需修除徒長枝和交叉枝，並稍微整理老舊枝條即可，平時無需特別照顧。

＊譯註：原書中四照花和青木同屬山茱萸科，經查證兩者並非同科，可能是中日植物分類差異或原作有誤。

青木

絲纓花科＊／常綠低木

〔分布〕
本州（宮城縣以南）
四國・九州・沖繩

〔花果期〕
【花】3～5月
【果】—

〔日照〕
半日照～全日照生長

特性與植栽重點
缺乏日照也能正常生長，耐寒性強。綠色葉的原生品種適合種成混植林，可營造出深山中微暗的景致。刻意剪除樹葉、裸露樹幹時，亦別有一番風味。

保養與維護
若從枝條中段剪除，剩餘的部分必定枯死，故應從枝條的基部剪除。

草莓樹

杜鵑花科／常綠低木

〔分布〕
南歐
愛爾蘭

〔花果期〕
【花】11～12月
【果】11～隔年2月

〔日照〕
半日照～全日照生長

特性與植栽重點
極為罕見的冬季開花常綠樹。性喜排水良好的酸性土壤。原產於南歐，具有難以形容的西洋氣質。

保養與維護
僅需疏剪，維持枝間空氣流通和透光即可。夏天須特別留意水分補給。

蓪草

五加科／常綠低木

〔分布〕
中國（南部）、台灣

〔花果期〕
【花】11～12月
【果】—

〔日照〕
全日照生長

特性與植栽重點
葉片直徑可達七十公分為其特徵。因葉片大，容易遮蔽周圍其他樹種的日照，故需慎選栽種地點。適合日照充足、土壤濕潤的環境。

保養與維護
冬天氣溫持續維持在攝氏五度以下時會開始落葉。株體過大、樹葉過多時，可將株體直接砍除，即可自然重新生長。

香桃木

桃金孃科／常綠低木

〔分布〕
地中海沿岸
中東

〔花果期〕
【花】5～6月
【果】10月

〔日照〕
半日照～全日照生長

特性與植栽重點
適合溫暖氣候，耐寒性低。適合種在日照充足、無寒風吹襲的中庭或建物之間。

保養與維護
會生出徒長枝，用鉗子剪除即可。開花後是最合適的剪除時間。無病蟲害顧慮。

琉球莢蒾

忍冬科／常綠低木

〔分布〕
九州（奄美大島）
沖繩、台灣

〔花果期〕
【花】3～5月
【果】—

〔日照〕
半日照～全日照生長

特性與植栽重點
耐寒性低，需種在無霜害處。生長速度慢，樹形不易走樣。搓揉葉片會發出類似芝麻的香氣。

保養與維護
生長速度慢，但枝葉間仍會長得密不通風，需定期疏剪，維持可以看見樹幹的程度。

瀨戶白山茶花

山茶科 / 常綠低木

〔分布〕
四國（西南部）
九州・沖繩

〔花果期〕
【花】10～隔年3月
【果】—

〔日照〕
半日照生長

特性與植栽重點
寒山茶的白花品種，花期長，可跨越整個冬季。花小多瓣，花瓣層層相疊，給人高貴典雅的印象。

保養與維護
入夏後須留意茶毒蛾出沒。花期過後需立即修剪。

烏藥

樟科 / 常綠低木

〔分布〕
中國中部（原產地）

〔花果期〕
【花】4月
【果】—

〔日照〕
半日照～全日照生長

特性與植栽重點
是適合種在半日照、溫暖環境中的低木。花期集中在春季，花小而黃。觀察花期時的微妙變化分外有趣。

保養與維護
可任其自然生長，形成天然樹形，無需特別照顧。

丸葉車輪梅

薔薇科 / 常綠低木

〔分布〕
本州（山口縣）
四國・九州

〔花果期〕
【花】5～6月
【果】8～9月

〔日照〕
半日照～全日照生長

特性與植栽重點
日本行道樹中最常見的低木，為厚葉石斑木的變種。葉面圓潤有光澤，任其自然生長即可，枝葉型態變化多端。生命力強，能耐海風、低日照，性喜砂質土壤。花白且造形可愛，近似香氣四溢的梅花。亦有開粉紅色花的品種。

保養與維護
生長速度慢。無需特別照料，枝條略顯紊亂時稍加修剪即可。葉片可能出現斑點，但非嚴重的疾病，若感覺影響觀賞可直接將出現斑點的葉片摘除即可。

鴛鴦茉莉

茄科／常綠低木

〔分布〕
熱帶美洲（原產地）

〔花果期〕
【花】6～8月
【果】—

〔日照〕
半日照～全日照生長

特性與植栽重點
花朵會由紫色逐漸轉成白色為其特徵。轉換期就像是雙色花一般，非常好看。甜甜花香入夜後更加濃郁。

保養與維護
性喜日照。耐寒性較弱，須留意霜害。

地中海莢蒾

忍冬科／常綠低木

〔分布〕
地中海沿岸（原產地）

〔花果期〕
【花】4～5月
【果】—

〔日照〕
半日照～全日照生長

特性與植栽重點
深綠葉片令人印象深刻，是希望增加低處綠意時的不二之選。亦可作為山茶花的替代樹種。尤其適合西式庭園栽種。

保養與維護
分蘗枝或交錯雜亂的枝條需由樹幹下方向上疏剪，無需修剪枝條的前端。

顯脈茵芋

芸香科／常綠低木

〔分布〕
本州（關東地方以西）
四國・九州
台灣（高地）

〔花果期〕
【花】3～5月
【果】—

〔日照〕
無日照～半日照生長

特性與植栽重點
常綠樹中較為耐寒、耐陰的樹種。十月前後萌發紅色的花苞會在枝上經過整個冬天，直到春初才開出白色的花朵。

保養與維護
無特別需要顧慮的病蟲害，但須避免土壤過度乾燥。

山桑子

杜鵑花科／半常綠低木

〔分布〕
北歐（原產地）

〔花果期〕
【花】4～5月
【果】6～8月

〔日照〕
半日照～全日照生長

特性與植栽重點
較藍莓稍矮，小小的葉片和果實能為庭園營造可愛動人的氣氛。即便只栽種一株，果實和葉色都能為庭院增添無限趣味。性喜日照和酸性土壤。

保養與維護
樹幹很容易生出分枝，須適度修剪，以保持樹間的空氣流通。夏季結果期間需充分給水。

野櫻莓

薔薇科／常綠高木

〔分布〕
北美洲（原產地）

〔花果期〕
【花】4～5月
【果】10～11月

〔日照〕
半日照～全日照生長

特性與植栽重點
能耐寒暑，生長環境不拘。春花、秋葉、結果，屬於樂趣較多的樹種。果實可作成果醬。

保養與維護
若目的是想收成果實，需在夏季特別保持土壤濕潤。

奧多摩小紫陽花

虎耳草科／落葉低木

〔分布〕
本州（多摩・秩父）

〔花果期〕
【花】5～6月
【果】—

〔日照〕
半日照生長

特性與植栽重點
呈圓形、無花萼的淺藍或粉紅色花朵為其特徵。適合種在中庭、陰涼處或濕氣較重的位置。

保養與維護
入秋萌生花芽後，需修剪過度生長的枝條。

壺花莢蒾

忍冬科／落葉低木

〔分布〕
本州・四國・九州

〔花果期〕
【花】5～6月
【果】9～10月

〔日照〕
半日照～全日照生長

特性與植栽重點
從樹葉萌芽、開花、結果到落葉，整年皆值得觀賞。生長速度緩慢，樹形細緻，與高木、中木容易搭配栽種。

保養與維護
夏季容易缺水，須經常澆灌。必要時稍事疏剪即可，無需定期修剪。

美國鼠刺

虎耳草科／落葉低木

〔分布〕
北美洲（原產地）

〔花果期〕
【花】5～6月
【果】—

〔日照〕
半日照～全日照生長

特性與植栽重點
日照充足時，夏初會開出白色穗狀小花，秋冬的紅葉也極有看頭，四季變化顯著，日本俗稱「紅葉木」。既耐寒又耐熱，生命力強，容易栽植。成群栽種時效果尤佳，常種在高木或中木邊上。

保養與維護
一般任其自然生長即可，但因生命力強，需將分櫱枝、徒長枝和交錯雜亂的枝條由基部剪除。鮮少病蟲害。除非夏季特別乾旱需要充分給水，否則自根部成熟後基本上無需澆灌。

笑靨花

薔薇科／落葉低木

〔分布〕
中國（原產地）

〔花果期〕
【花】3～5月
【果】—

〔日照〕
半日照～全日照生長

特性與植栽重點
春季開滿白色小花，花形如蜆，故日本又稱為「蜆花」。背景設為暗色系時，會使花形尤其顯著。枝條纖細，會隨風搖曳。適合種在日照充足的位置。

保養與維護
樹體過大時，可由基部進行疏剪，但入夏後應停止剪修，以免影響花芽萌發。

粉花繡線菊・日本繡線菊花

薔薇科／落葉低木

〔分布〕
本州・四國・九州
朝鮮半島、中國

〔花果期〕
【花】6～8月
【果】—

〔日照〕
半日照～全日照生長

特性與植栽重點
夏初枝頭綻放朵朵小花。花期外的春季到秋季間，葉色變化又是另一場視覺饗宴。適合當作西式庭園的重點植栽。

保養與維護
樹體過大時需進行疏剪，以維持樹形。

雞麻

薔薇科／落葉低木

〔分布〕
本州（岡山縣・廣島縣）
朝鮮半島
中國（中部）

〔花果期〕
【花】4～5月
【果】9～10月

〔日照〕
半日照～全日照生長

特性與植栽重點
種在半日照的環境時，枝條的狀態特別好看。花白，狀似棣棠花，但同科不同屬。落葉後長出的黑色果實尤其醒目。

保養與維護
徒長枝和分櫱枝須由樹體根部剪除，以維持自然樹形。

腺齒越桔

杜鵑花科／落葉低木

〔分布〕
北海道・本州
四國・九州
朝鮮半島（南部）
中國

〔花果期〕
【花】5～6月
【果】8～10月

〔日照〕
半日照～全日照生長

特性與植栽重點
樹葉變色後賞心悅目，若種在半日照位置會長得更美。果實酸甜，譽為日本藍莓。枝條交錯生長，適合與其他樹種混合栽種。

保養與維護
應避免根部乾燥，尤其在剛移植時須提供充足水分。

薩摩山梅花・梅花空木

虎耳草科／落葉低木

〔分布〕
本州・四國・九州

〔花果期〕
【花】6月
【果】—

〔日照〕
半日照～全日照生長

特性與植栽重點
近似梅花的白色花朵花形優雅，中心帶紅，香味濃郁，彷彿宣說著夏季到來。

保養與維護
修剪須在花期後進行。老舊枝條由基部疏剪，以維持自然的樹形。無特別需要留意的病蟲害。

Category. 3

青莢葉

山茱萸科／落葉低木

〔分布〕
北海道（南部）
本州・四國・九州

〔花果期〕
【花】5~6月
【果】8月

〔日照〕
半日照～全日照生長

特性與植栽重點
雌雄異株（有雄株和雌株之分），春天樹葉中央會開出小花，夏天雌株在同樣位置會結出黑色的果實。偏好陰涼、濕氣較重的環境。

保養與維護
自然天成的樹形非常好看，故僅需由枝條的基部剪除茂密亂生的枝條即可。

紫荊

豆科／落葉低木

〔分布〕
中國（原產地）

〔花果期〕
【花】4月
【果】—

〔日照〕
半日照～全日照生長

特性與植栽重點
花期枝條會開滿粉紅色花朵，成為庭園中的觀賞重點。葉片呈心形，果實為莢果。

保養與維護
因屬豆科植物，施肥時應施無氮肥料，以免影響生長繁殖。

大繡球花

忍冬科／落葉低木

〔分布〕
北美洲（原產地）

〔花果期〕
【花】4~5月
10~11月
【果】—

〔日照〕
半日照～全日照生長

特性與植栽重點
花形呈繡球狀，最大直徑可達十五公分左右，每年春秋開花兩次，開花後會立即成為日光的焦點。花色會由萊姆綠逐漸轉白，非常有趣。

保養與維護
花期結束時是最好的修剪時間，需將老舊枝條剪除。雖屬於低木，仍須留意天牛出沒造成病蟲害。

山巫楂木

金縷梅科／落葉低木

〔分布〕
北美洲（原產地）

〔花果期〕
【花】4~5月
【果】—

〔日照〕
半日照～全日照生長

特性與植栽重點
花白，形如刷。花朵與葉片同時萌芽，花期時樹體漂亮好看，入秋後的紅葉又是一絕。

保養與維護
不愛乾燥，需充分給水。生長速度緩慢，樹形容易保持自然狀態。

藍莓

杜鵑花科／落葉低木

〔分布〕
北美洲東北部（原產地）

〔花果期〕
【花】4~5月
【果】7~8月

〔日照〕
半日照～全日照生長

特性與植栽重點
花型、紅葉和寶藍色的果實為其特徵。庭園中若種植兩種以上相同類型的樹種，即可一年四季果實源源不斷。喜酸性土壤，栽種時可在土壤中加入酸性肥料或含有爛樹皮、腐苔蘚的酸性灰泥土。

保養與維護
由於既不耐熱又不耐旱，夏天須留意土壤乾燥。修剪時必須剪除混雜亂生的枝條，以保枝間空氣流通。

結香

瑞香科／落葉低木

〔分布〕
中國（原產地）

〔花果期〕
【花】3～4月
【果】—

〔日照〕
半日照～全日照生長

特性與植栽重點

長生葉芽之前，枝頭會先開出黃色或橘色花朵，發出淡淡清香。特徵「三叉」狀的枝幹分枝型態。種在半日照環境時生長速度較慢，但較容易長大。樹皮纖維是紙鈔的原料，在原產地中國又稱為「夢樹」。

保養與維護

過度給水容易造成根部腐爛。無需特別照顧，即可長成自然樹形。樹體過大，枝條紊亂時，稍事疏剪即可抑制樹體繼續長高。無特別需要留意的病蟲害。

紫葉蔓荊

馬鞭草科／落葉低木

〔分布〕
本州・四國・九州
亞洲（東南部）
南太平洋諸島
澳洲

〔花果期〕
【花】7～9月
【果】—

〔日照〕
半日照～全日照生長

特性與植栽重點

葉背呈淡紫色，樹形優美。花朵壽命短，花期時會不斷花開花謝。原屬海濱植物，故能抗海風。

保養與維護

僅需剪除不必要的枝條，幾乎無需照顧。

歐丁香

木犀科／落葉低木

〔分布〕
歐洲東南部（原產地）

〔花果期〕
【花】4～5月
【果】—

〔日照〕
半日照生長

特性與植栽重點

喜寒冷乾燥的環境。春季開滿紫色花朵，香氣濃郁如香水，聞到便知春天已然到來。

保養與維護

性喜乾燥，故無需大量給水。花期後是最合適的修剪時機。

櫻樹・杜鵑

日本最具代表性、也是一般大眾最喜愛的兩類開花植物。從發芽、開花、變色到落葉，季節變化顯著，叫人念念不忘；亦是日常生活中最常見的行道植物。需頻繁修剪，必要時則需進行結構性的全面修剪。若未經修整，枝條會顯得雜亂，樹形也容易變形。適度疏剪即可維持自然的樹形，保持原有的自然美。栽種此二類植物最大的優點在於，能為住屋增光添色，形塑人與自然的和諧。

枝垂櫻

薔薇科／落葉高木

〔分布〕
北海道（南部）
本州・四國・九州

〔花果期〕
【花】3～4月
【果】—

〔日照〕
全日照生長

特性與植栽重點

枝垂櫻一般會開白色花朵，但亦有開粉紅色花的紅枝垂和八重紅枝垂。單獨種植一棵枝垂櫻，就可營造出如畫一般的庭園之美。若枝條下垂的方向完全傾向某一方，則可與其他樹種搭配栽種。若把住屋的牆面塗裝成深色系，可以凸顯花朵的嬌豔。花期較染井吉野櫻稍早。別名瀑布櫻花，在日本又稱為糸櫻。

保養與維護

需將不必要的枝條剪除，並適度調整枝葉的數量，以保持枝間空氣流通。修剪時剪除向下的枝條，保留向上的枝條，樹形會更大更美。剪除約莫和拇指一般粗的枝條時，需塗抹癒合劑，以防止病原入侵。

大阪冬櫻

薔薇科／落葉高木

〔分布〕
園藝品種

〔花果期〕
【花】10～隔年2月
【果】—

〔日照〕
全日照生長

特性與植栽重點
名字的由來已無法考證，近似子福櫻。每年分別在春秋兩季各開一次花，屬於早開的櫻樹品種，花小而白。

保養與維護
任其自然生長，必要時剪除亂生的枝條即可。

十月櫻・大葉早櫻

薔薇科／落葉中木

〔分布〕
園藝品種

〔花果期〕
【花】10～12月、隔年4月
【果】—

〔日照〕
全日照生長

特性與植栽重點
每年春秋兩季各開一次花的櫻樹品種。花期從入秋的十月輪番開到十二月，洋溢著一種提醒人們準備入冬的氣息。

保養與維護
需修剪重疊和枯萎的枝條，以保持枝間的透光和通風。

山櫻花

薔薇科／落葉高木

〔分布〕
本州・四國・九州

〔花果期〕
【花】4～5月
【果】—

〔日照〕
全日照生長

特性與植栽重點
是自古以來日本人最熟悉的櫻樹品種，也是宣告春天來了最具代表性的品種。花朵和葉片同時萌芽。在眾多的櫻樹種類中，樹幹紋理最美、表情生動，因此常被用作建築和手工藝品的材料。屬野生品種，適合做為混植庭園之用。因奈良的吉野山和京都的嵐山等賞櫻勝地而知名。

保養與維護
除蟲和預防病蟲害是照顧山櫻花的兩大基本原則。其次才是適度疏剪，維持樹形，保持枝間的透光和通風。平時必須仔細觀察樹幹和葉片生長，以便及早發現害蟲，降低滋生病蟲害的可能。

高山玫瑰杜鵑

杜鵑花科 / 常綠低木

〔分布〕
日本（原產地）

〔花果期〕
【花】4月
【果】—

〔日照〕
半日照～全日照生長

特性與植栽重點
近似興安杜鵑的小型品種。葉色深紫，整體散發著極度沉穩的氣質。

保養與維護
耐寒且環境適應力強，容易栽種。最適合種在沒有西曬、排水良好的土壤。

久留米杜鵑（蝶舞杜鵑）

杜鵑花科 / 常綠低木

〔分布〕
日本（原產地）

〔花果期〕
【花】4～5月
【果】—

〔日照〕
全日照生長

特性與植栽重點
開粉紅偏紫的小花，花形如蝴蝶飛舞。適合淺植，種在排水良好的土壤。

保養與維護
耐寒，須留意根部最怕過濕的環境。

大紅杜鵑

杜鵑花科 / 常綠低木

〔分布〕
九州（奄美群島）
沖繩

〔花果期〕
【花】3～6月
【果】—

〔日照〕
半日照～全日照生長

特性與植栽重點
樹葉發芽的同時會開出大而深紅的花朵，樹高一～三公尺。好酸性土壤。與錦繡杜鵑是近親。

保養與維護
開花後須立即進行修剪。耐陰，但應盡量讓它接受日照。適量給水，避免極度乾旱即可。

錦繡杜鵑

杜鵑花科 / 常綠低木

〔分布〕
九州（長崎縣平戶）

〔花果期〕
【花】4～5月
【果】—

〔日照〕
半日照～全日照生長

特性與植栽重點
適合種在溫暖的地區，但能耐寒。可應用在各種環境，屬於萬用型的杜鵑品種。

保養與維護
無需截剪、疏剪，僅需稍事整枝、剪除凌亂的枝條，維持自然樹形即可。

堀內寒笑杜鵑

杜鵑花科 / 常綠低木

〔分布〕
日本（原產地）

〔花果期〕
【花】3～4月
【果】—

〔日照〕
半日照～全日照生長

特性與植栽重點
早開的大型花朵，深桃紅色，富麗堂皇，相當醒目。能耐寒，好搭配。樹形給人堅忍不拔的印象，極具魅力。

保養與維護
需疏剪濃密的枝條，維持自然樹形，以常保枝間的空氣流通、外型美觀和株體健康。

本霧島杜鵑

杜鵑花科 / 常綠低木

〔分布〕
九州
（鹿兒島縣霧島山）

〔花果期〕
【花】4~5月
【果】—

〔日照〕
半日照生長

特性與植栽重點
花色深紅如火為其特徵，盛開時尤為醒目，會讓人忍不住多看它兩眼。常綠杜鵑中最早開花的品種。

保養與維護
樹根不耐過度潮濕，須留意勿給水過多。栽種位置應避免西曬。

本石楠花

杜鵑花科 / 常綠低木

〔分布〕
本州（富山・長野・愛知縣以西）・四國

〔花果期〕
【花】5月
【果】—

〔日照〕
半日照～全日照生長

特性與植栽重點
日本「杜鵑花屬」*中花朵最華麗的一種。適合種在無西曬、無北風的濕潤庭園或高木邊。肥沃而酸性的土壤最有利它的根部生長。

保養與維護
開花後需摘除花柄，不太需要修剪。不耐乾旱，夏天須充分給水。

＊譯註：台灣列為「石楠屬」

日本吊鐘花

杜鵑花科 / 落葉中木

〔分布〕
本州（靜岡縣・愛知縣・岐阜縣・紀伊半島）
四國（高知縣・德島縣）・九州（鹿兒島縣）

〔花果期〕
【花】4~5月
【果】—

〔日照〕
半日照～全日照生長

特性與植栽重點
花小而白，花形下垂如鐘。秋天樹葉會轉紅，色彩豔麗。若受西曬或過強日照，紅葉會比較不漂亮。

保養與維護
夏天需避免過度乾燥。修剪時應盡量靠近枝條的基部剪除枝條。

油杜鵑

杜鵑花科 / 落葉低木

〔分布〕
本州（中部地方以東）

〔花果期〕
【花】5~6月
【果】—

〔日照〕
半日照～全日照生長

特性與植栽重點
適合半日照的環境。葉背油亮有光澤，秋後的紅葉相當可觀。花形下垂如鐘，開淺綠色花朵。

保養與維護
土壤乾燥時需即時給水。修剪時應盡量靠近枝條的基部剪除枝條。

尖葉杜鵑

杜鵑花科 / 落葉低木

〔分布〕
本州（岡山縣以西）
四國（北部）
九州（北部・對馬）
朝鮮半島

〔花果期〕
【花】4~5月
【果】—

〔日照〕
全日照生長

特性與植栽重點
石楠花的近親，春初開花，花色粉紅，花體圓潤。屬於眾多宣告春天來了的品種之一。成群栽種會比單株種植更好。

保養與維護
喜歡日照，能耐旱地，但仍須適度給水。

歐洲杜鵑

杜鵑花科／落葉低木

〔分布〕
英國（原產地）

〔花果期〕
【花】4～5月
【果】—

〔日照〕
半日照生長

特性與植栽重點
又稱為西洋杜鵑，適合種在西式庭園。花色眾多，有白、紅、粉紅、黃、橘色等。黃色品種較為少見，稱為歐洲黃杜鵑，盛開時尤其好看。不愛高溫多濕的環境，故應種在排水良好、半日照、無西曬的位置。

保養與維護
根部討厭高溫多濕，但仍須留意乾旱。無需截剪，僅須剪除徒長枝，維持自然樹形即可。開花後儘速摘除花柄，下次會開得更美。另要留意蜱蟎、網椿等害蟲出沒。

五葉杜鵑

杜鵑花科／落葉低木

〔分布〕
本州（岩手縣以南靠太平洋）・四國

〔花果期〕
【花】5～6月
【果】—

〔日照〕
半日照～全日照生長

特性與植栽重點
一般被視為低木，實際上樹體會高達五到六公尺。老樹的樹皮粗糙，紋理近似松樹，氣質高雅的白花特別引人矚目。

保養與維護
適合種在無陽光直射、陰涼的環境。

梅花杜鵑

杜鵑花科／落葉低木

〔分布〕
北海道（南部）
本州・四國・九州

〔花果期〕
【花】6～7月
【果】—

〔日照〕
半日照～全日照生長

特性與植栽重點
枝條纖細，樹形優美。花朵本身並不醒目，但花形有別於一般杜鵑，近似梅花，屬於罕見品種。

保養與維護
幾乎無需維護，僅需留意夏日乾旱缺水。

隼人三葉杜鵑

杜鵑花科／落葉低木

〔分布〕
九州（鹿兒島縣）

〔花果期〕
【花】3月
【果】—

〔日照〕
半日照～全日照生長

特性與植栽重點

最早開花的杜鵑品種。在其他杜鵑尚未開花的時節，紫紅色的花朵顯得格外亮眼。葉片鮮綠、厚實而有光澤。

保養與維護

耐寒、耐熱且較其他杜鵑耐得住烈日，故種植相對容易。

春一番杜鵑

杜鵑花科／半落葉低木

〔分布〕
日本（原產地）

〔花果期〕
【花】3～4月
【果】—

〔日照〕
半日照～全日照生長

特性與植栽重點

較尖葉杜鵑花期早且耐熱，屬於較容易栽種的品種。入春後開花，花色粉紅，鮮豔醒目。

保養與維護

移植後須留意根部給水充足。枝條雜密時需疏剪，以保持枝間空氣流通。

鈍葉杜鵑

杜鵑花科／半落葉低木

〔分布〕
北海道（南部）
本州・四國・九州

〔花果期〕
【花】4～6月
【果】—

〔日照〕
半日照生長

特性與植栽重點

自古以來日本人最熟悉的野生杜鵑品種，如高木一般粗壯的樹幹和纖細的枝條形成對比，格外引人矚目。成株的樹高可達三至四公尺，適合作庭園中的主樹。紅色的花朵能同時符合西式、日式庭園的需求。每年春末至夏初時節，總是把日本各地的山區妝點得美輪美奐。

保養與維護

種在日照充足或半日照且排水良好的位置時，幾乎無需特別照料。夏秋兩季生長的葉片較春天的葉片小，以便於過冬。只須定時剪除亂生的枝條，讓人清楚看見樹幹線條，維持自然樹形即可。

Category. 5

花草・草皮（地被）

草皮是關係到庭園地表整體的造景，用來妝點庭園和住屋地貌的基礎植栽。一般多會以整年鮮綠的多年生草本植物作為基底，並以一年生草本和各類園藝品種進行重點栽種，最後再透過苔蘚植物提高整體的完成度。為了避免配置上過於單調，必須詳細評估彼此的配合度，以及和其他花種、樹葉的搭配狀況。此外，亦須將居住者喜好的花種列入考量，方能設計出真正符合需求又生動有趣的造景庭園。

百子蓮

百子蓮科／常綠多年生草本

〔分布〕
南非

〔花果期〕
【花】6~8月
【果】—

〔日照〕
半日照～全日照生長

特性與植栽重點
即使在酷熱的環境中，長長的花莖也能照常開花。生命力強，移植後無需特別照顧。性喜陽光，但只要上午能獲得充分日照，即可正常生長，不斷繁衍。品種很多，有白、紫、淡紫、淡粉紅等花色。

保養與維護
無需特別照料即可正常生長。根部多肉質，可儲存水分，故無需另行給水。栽種數年後株體可能過大導致開花的狀態變差，必須進行分株。花謝後需剪除花莖，以免花莖和種子搶食營養。須剪除變黃的葉片。

老鼠簕

爵床科／常綠多年生草本

〔分布〕
熱帶亞洲、非洲
中亞
巴西等

〔花果期〕
【花】6~8月
【果】—

〔日照〕
半日照～全日照生長

特性與植栽重點
大型宿根草本植物。擁有大到可以作為裝飾主題的葉片、以及和株體差不多高的大型花穗等其他植物沒有的罕見特徵。

保養與維護
偏好日照和正常濕度，土表乾燥時須適度給水。花期過後需將花莖剪除。

細葉紫唇花

唇形科／常綠多年生草本

〔分布〕
歐洲（原產地）

〔花果期〕
【花】4~6月
【果】—

〔日照〕
半日照～全日照生長

特性與植栽重點
耐陰性強，不論半日照或全日照的位置皆可種植。深棕色的葉片為其觀賞重點。會不斷向四周繁衍擴散，適合用作庭園草類的基底植栽。

保養與維護
需適時進行分株和通風處理。花謝後需從基部剪除花莖並保留主莖。

香爪鳶尾花

鳶尾科／常綠多年生草本

〔分布〕
地中海沿岸地區（原產地）

〔花果期〕
【花】1~3月
【果】—

〔日照〕
全日照生長

特性與植栽重點
花期在冬季的鳶尾花品種。花色紫藍，開在葉蔭下方。成群栽種時尤其好看。

保養與維護
性喜乾燥的環境，故因節制給水。花朵被枝葉覆蓋時，可適度疏剪葉片。

東方聖誕玫瑰・大齋期玫瑰

毛茛科／常綠多年生草本

〔分布〕
歐洲
西亞（原產地）

〔花果期〕
【花】2~4月
【果】—

〔日照〕
半日照生長

特性與植栽重點
花期在冬季的珍貴品種。花色清秀內斂，容易融入各種造景情境。有單瓣花和重瓣花兩類不同品種。

保養與維護
需剪除受傷的花朵和葉片。十二月起老葉會陸續枯萎，此時需提供更多日照。

多鬚草

異蕊草科／常綠多年生草本

〔分布〕
澳洲（原產地）

〔花果期〕
【花】5月
【果】—

〔日照〕
半日照～全日照生長

特性與植栽重點
耐旱，單靠天然降雨即可自然生長。成株高度約六〇公分。可遮蔽地面、地基。亦可種在石庭或乾燥土地上，不挑位置。

保養與維護
摘除老葉並稍事整理即可，幾乎無需特別照顧。

長莖百里香

脣形科 / 常綠多年生草本

〔分布〕
地中海沿岸～東亞

〔花果期〕
【花】4~5月
【果】—

〔日照〕
半日照～全日照生長

特性與植栽重點
澆水和踩踏到葉片時，會傳來陣陣的撲鼻香，貼地性強，不易受傷。適合種植在玄關，人來人往的通風處，齊開的花朵和花香對訪客亦是一種享受。繁殖力強，會如地毯一般快速延展綠意。耐寒、耐旱，容易栽種。

保養與維護
當枝葉過密，影響到枝問空氣流通時，葉片容易發黃枯萎，故需定期修剪，保持枝葉間正常密度。根部長穩後幾乎無需給水，除了梅雨季前和冬天需要特別修剪外，其他時間無需特別照料。

常綠淫羊藿

小檗科 / 常綠多年生草本

〔分布〕
本州（中部地方以西）

〔花果期〕
【花】4~5月
【果】—

〔日照〕
半日照生長

特性與植栽重點
花形狀似船錨為其特徵。天冷時葉色會變。適合種在無太陽直射的半日照位置。

保養與維護
不耐旱，須留意給水。葉片受損時須適度摘除。

亮葉紫菀

菊科 / 常綠多年生草本

〔分布〕
中國（原產地）

〔花果期〕
【花】4~5月
【果】—

〔日照〕
半日照～全日照生長

特性與植栽重點
花莖生長快速，宛如草皮一般完斷蔓延。呈蔓性延伸，適合種在帶有高低變化的大型庭園。

保養與維護
交錯亂生時需進行疏剪，或剪除過度生長的枝葉。須適時給水，避免乾燥。

黃水枝

虎耳草科／常綠多年生草本

〔分布〕
北美洲（原產地）

〔花果期〕
【花】4~6月
【果】—

〔日照〕
半日照生長

特性與植栽重點

最適合半日照的環境。即使日照不足，花莖仍照常挺立，開出淡粉紅花朵。終年常綠，葉形卻近似楓葉，觀賞價值高，且體質佳，生命力強，耐得住高溫多濕的海島型氣候。尤其適合西式風格的庭園。

保養與維護

由於生命力強，幾乎無需照顧。在花謝後適度剪除花莖和枯葉即可。能耐寒冬，無特別需要留意的病蟲害，但入夏後應避免乾旱，需適度給水。

狹葉黃精

百合科／常綠多年生草本

〔分布〕
中國（原產地）

〔花果期〕
【花】4~6月
【果】—

〔日照〕
無日照～半日照生長

特性與植栽重點

不愛日照，耐陰性強，是少數可在無日照的中庭裡正常生長的植栽品種。花莖較高，與其他花種混植時，鶴立雞群、存在感顯著。花小而白，垂掛在花莖上。葉片較一般的黃精厚實，常綠，入冬後仍綠意盎然。

保養與維護

無需特別照顧，但會年年增生。株體雜亂叢生或葉色變差時，須適度疏剪，以保持株間的空氣流通和花莖的美觀。謹防寒害，冬天降霜時葉片容易受損。

寶鐸草

百合科／常綠多年生草本

〔分布〕
中國（原產地）

〔花果期〕
【花】4~5月
【果】—

〔日照〕
半日照生長

特性與植栽重點
生命力強，在半日照的環境下即可自然生長。植莖可長到一公尺左右，全株給人溫柔婉約的印象。冬季葉色會變。

保養與維護
修剪時可從傾倒的植莖疏剪起。土壤乾燥時需充分給水。

紅蓋鱗毛蕨

鱗毛蕨科／常綠多年生草本

〔分布〕
本州・四國
九州・沖繩

〔花果期〕
【花】—
【果】—

〔日照〕
半日照～全日照生長

特性與植栽重點
嫩葉呈紫紅色，會逐漸轉為綠色。種在石頭邊或大樹下，可襯托出彼此的美，還能形塑日本山水的氛圍。

保養與維護
無需擔心病蟲害，亦無施肥必要。剪除枯葉即可催生新芽。

闊葉山麥冬

百合科／常綠多年生草本

〔分布〕
—

〔花果期〕
【花】8~9月
【果】—

〔日照〕
半日照～全日照生長

特性與植栽重點
葉片常青且細長，屬於較長較高的草本品種。株體濃密，可隱藏泥土地面和地基。種在全日照、半日照或土壤乾燥的位置，皆不減其魅力。耐寒，生命力強，存活容易。穗狀的花朵長在直挺的花莖上，但並不顯眼。

保養與維護
屬於容易照顧的草類植栽。耐旱，幾乎無需給水。在葉片萌芽期間最好能稍事修整，剪除外觀較差和枯老的葉片。株體過大時可進行分株。

藍喬治地被婆婆納

車前草科／常綠多年生草本

〔分布〕
歐洲（原產地）

〔花果期〕
【花】3～5月
【果】—

〔日照〕
半日照～全日照生長

特性與植栽重點

會隨著氣溫而變色的葉片和藍色的花朵，對比極美。既耐熱又耐寒，對環境毫不挑剔。

保養與維護

匍匐生長的莖葉最怕通風不良，故莖葉雜亂時須適度疏剪，以維持莖葉間的空氣流通。

秋火柳葉栒子

薔薇科／常綠低木

〔分布〕
中國西南部～喜馬拉雅（原產地）

〔花果期〕
【花】5～6月
【果】10月~隔年1月

〔日照〕
全日照生長

特性與植栽重點

常利用其匍匐生長的特性種在外牆上方，垂掛而生；或用於石庭與景石搭配。深秋時紅色的果實和葉片格外動人。

保養與維護

生命力強，耐寒、耐熱又耐旱。僅需稍事疏剪過度延伸的植莖，維持自然造形即可。

岩沙參

桔梗科／多年生草本

〔分布〕
本州（關東・中部地方）

〔花果期〕
【花】9～10月
【果】—

〔日照〕
半日照生長

特性與植栽重點

適合種在早晨照得到陽光、夏季陰涼的位置。紫色的花朵呈吊鐘狀，向下綻開。

保養與維護

需每天充分給水，並由上向下澆葉。入冬後避免土壤乾旱即可。

紫錐花

菊科／多年生草本

〔分布〕
北美東部（原產地）

〔花果期〕
【花】6～10月
【果】—

〔日照〕
全日照生長

特性與植栽重點

花形輪廓明顯，即使只種一株也能清楚感受到它的存在，適合當作重點植栽。本身屬於西式風格。花期長且花色與造形多樣。不喜濕潤的環境。

保養與維護

性喜陽光，生命力超強。除非過度乾旱，否則無需給水。施肥也以最少量為限。

粗莖鱗毛蕨

鱗毛蕨科／多年生草本

〔分布〕
北海道・本州・四國

〔花果期〕
【花】—
【果】—

〔日照〕
半日照生長

特性與植栽重點

屬於稍微大型的蕨類植物，種在庭院深處效果尤佳。會以無葉的狀態過冬。透過孢子繁殖，而非種子。

保養與維護

需修除老舊下垂的葉片。偏好適度的濕潤環境，需避免乾旱。

灰葉蕕

馬鞭草科／多年生草本

〔分布〕
歐洲、亞洲

〔花果期〕
【花】5～10月
【果】—

〔日照〕
全日照生長

特性與植栽重點
夏季銀色的葉片上會綻放紫藍色花朵。適合西式風格庭園。冬天地面的莖葉全枯，入春後發芽。適合種在排水良好、全日照的環境。

保養與維護
需適量給水，避免土壤乾燥。冬季莖葉全枯時需整株剪除。

白花劍蘭・白花唐菖蒲

鳶尾科／多年生草本

〔分布〕
南非（原產地）

〔花果期〕
【花】3～5月
【果】—

〔日照〕
全日照生長

特性與植栽重點
花莖細如鐵絲，柔弱嬌奢。花朵散發著淡淡的乳香。成群栽種，花期時尤其好看。入夜後香氣更濃。偏好弱鹼性土壤。

保養與維護
幼芽處若出現蚜蟲或二斑葉蟎，須噴灑農藥。平時僅需修剪折斷的花莖即可。

雄黃蘭

鳶尾科／多年生草本

〔分布〕
南非（原產地）

〔花果期〕
【花】6～8月
【果】—

〔日照〕
全日照生長

特性與植栽重點
夏季盛開色澤鮮豔的黃花。屬於生命力強與繁殖力旺盛的宿根草本植物，能適應各種不同的環境。

保養與維護
幾乎無需給水。因繁殖力旺盛，需適時疏剪與分株。

輪葉金雞菊

菊科／多年生草本

〔分布〕
北美洲
加州（原產地）

〔花果期〕
【花】5～10月
【果】—

〔日照〕
全日照生長

特性與植栽重點
花色亮黃，花形柔美，花朵由夏初開至秋季。生命力強，既耐寒又耐熱。

保養與維護
表土乾燥時須充分給水，花謝後需剪除花莖。

鷺蘭

蘭科／多年生草本

〔分布〕
本州・四國・九州
朝鮮半島、台灣

〔花果期〕
【花】7～9月
【果】—

〔日照〕
半日照～全日照生長

特性與植栽重點
日本原生的蘭花，生長於濕地。花形狀似白鷺鷥為其特徵。入冬後僅會留下球根過冬。

保養與維護
種在庭園時，須經常給水，剪除枯萎的花葉。

溝葉結縷草

禾本科 / 多年生草本

〔分布〕
本州～九州
中國、亞洲（東南部）

〔花果期〕
【花】—
【果】—

〔日照〕
空氣流通、全日照生長

特性與植栽重點
即使種在日本高溫多濕的氣候環境中，也能長成濃密美觀的草皮。修剪後會更顯密集。種在全日照且空氣流通的位置，可作為分區之用，畫出柔和的圓弧線條。僅需稍事保養，即可提供孩童一處安全的遊樂場，任由在草皮上翻滾。是最適合種在庭園中的草皮植栽。

保養與維護
五至九月的快速生長期間最適合進行修剪。每月修剪四次，高度維持在二公分即可。春、秋兩季次數減半，每月修剪兩次。施肥的時間以生根的五月和進入休眠期前的九月為宜，但須適量。同時進行消毒或除蟲，效果更佳。可視情況在生長期補充粒狀土。

秋牡丹

毛茛科 / 多年生草本

〔分布〕
中國（原產地）

〔花果期〕
【花】9～10月
【果】—

〔日照〕
半日照生長

特性與植栽重點
適合種在陰涼、潮濕的土壤環境。成熟後耐旱。由於適合日本的氣候，容易繁衍。花朵亦可做為泡茶時茶水中的裝飾花。

保養與維護
冬天需剪除地面枯萎的莖葉。過度施肥容易適得其反。

白芨

蘭科 / 多年生草本

〔分布〕
本州（關西地方以西）
四國・九州・沖繩

〔花果期〕
【花】4～5月
【果】—

〔日照〕
半日照～全日照生長

特性與植栽重點
繁殖力旺盛，株體會不斷增生。生命力強，容易栽種。入冬後會全數枯萎，春季會萌生新芽。

保養與維護
由於入冬後葉片會枯萎，必要時可適度修剪。無需刻意施肥。

三色景天

景天科 / 多年生草本

〔分布〕
高加索（原產地）

〔花果期〕
【花】夏季
【果】—

〔日照〕
全日照生長

特性與植栽重點
不愛高溫多濕，最適合種在日照充足、排水良好的斜坡地。葉片多肉質，會隨季節改變顏色。土壤以碎石和沙粒混合尤佳。

保養與維護
避免潮濕悶熱為保養的重點。需剪除過長的花莖，並在盛夏和冬季適度給水。

榕葉毛茛

毛茛科 / 多年生草本

〔分布〕
歐洲
（原產於英國）

〔花果期〕
【花】3～5月
【果】—

〔日照〕
半日照～全日照生長

特性與植栽重點
由於原生在山中潮濕的環境，最適合種在稍微濕潤的大樹下。夏季是休眠期，選用前須留意這段期間地上部位是枯萎的狀態。

保養與維護
不耐旱，繁殖期尤其需要水分，土表乾燥時須充分給水。

黃花萱草

萱草科 / 多年生草本

〔分布〕
園藝品種

〔花果期〕
【花】6～7月
【果】—

〔日照〕
全日照生長

特性與植栽重點
花期從夏初到夏末，期間會不斷綻放、朝生夕死的一日花。花色淡黃，長長的夏季是賞花期。花形小卻明顯可見，能自然融入庭院中的其他植栽。生命力強，容易照顧，且能耐寒。偏好日照充足的環境，日照不足會直接影響到花形的美觀。

保養與維護
花謝之後需將花梗摘除，感覺株體貧弱時則需施肥。若在夏季發現土表乾燥，需即刻給水。入春天暖的時節蚜蟲可能出沒，須特別留意。

銅錘玉帶草

桔梗科／多年生草本

〔分布〕
紐西蘭（原產地）

〔花果期〕
【花】5~9月
【果】一

〔日照〕
半日照～全日照生長

特性與植栽重點
彷彿一朵朵純白色的小花點綴在一張綠色的地毯上。喜歡日照，耐寒又耐熱，繁殖力超強。

保養與維護
過度生長或感覺貧弱時，稍事修剪後會再萌生新芽。

粉黛亂子草

禾本科／多年生草本

〔分布〕
北美洲（原產地）

〔花果期〕
【花】夏～秋季
【果】一

〔日照〕
半日照～全日照生長

特性與植栽重點
耐旱，成熟後高度可達一公尺。枝莖極細，屬於葉片較為堅實的草本植物。白色的散狀花序尤其讓人印象深刻。

保養與維護
過度生長時需由根部進行修整。可透過分株直接繁衍。

槭葉草

虎耳草科／耐寒多年生草本

〔分布〕
中國・朝鮮半島（原產地）

〔花果期〕
【花】3~5月
【果】一

〔日照〕
半日照生長

特性與植栽重點
半日照的岩邊地是最理想的栽植地點。新葉和花莖皆由主莖生出，白色的花朵呈散狀開放。花莖強韌挺拔的姿態是觀賞的重點。

保養與維護
夏季需充分給水並澆葉。花謝後須將花莖由基部剪除。

細莖針茅

禾本科／耐寒多年生草本

〔分布〕
中美洲（原產地）

〔花果期〕
【花】夏初～夏季
【果】一

〔日照〕
半日照～全日照生長

特性與植栽重點
葉片茂密且柔軟而纖細。適合種在日照充足和排水良好的位置。生長快速，無需特別照顧。俗稱墨西哥羽毛草。

保養與維護
感覺雜亂時，可由根部進行修整。性喜乾燥，須留意不要過度給水。

羽絨狼尾草

禾本科／耐寒多年生草本

〔分布〕
美洲（原產）

〔花果期〕
【花】3~5月
【果】一

〔日照〕
半日照～全日照生長

特性與植栽重點
夏季隨風搖曳的姿態給人陣陣涼意。最適合種在通風良好且全日照的位置。花白，且呈穗狀，如動物的尾巴一般。

保養與維護
若不喜歡冬季枯草的狀態，可將地面上的枝莖全數剪除。剪除後春天仍會自然萌生新芽。

河百合

鳶尾科／耐寒多年生草本

〔分布〕
南非

〔花果期〕
【花】夏末～秋季
【果】—

〔日照〕
半日照生長

特性與植栽重點
花期從夏末到秋天，是鳶尾科中花形特別好看的宿根草本品種。建議種在午後無陽光直射的樹下。

保養與維護
不耐旱，除冬天的休眠期間外，土表一旦乾燥，須立即給水，特別是在夏季。

紫燈花・西伯利亞綿棗兒

百合科／秋植球根

〔分布〕
俄羅斯（原產地）

〔花果期〕
【花】3～4月
【果】—

〔日照〕
半日照生長

特性與植栽重點
花色紫藍，外型保守內斂。耐寒，屬於生命力強，容易栽種的品種。成群栽植時花期尤其好看。

保養與維護
無需特別照料，亦無施肥必要。土表乾燥時才需給水。

花韭

百合科／秋植球根

〔分布〕
南美洲（原產地）

〔花果期〕
【花】3～5月
【果】—

〔日照〕
半日照～全日照生長

特性與植栽重點
春天綻放星形花。摘下葉片會聞到近似韭菜的氣味。球根會逐年增生。

保養與維護
任其生長也能開花，無需特別照顧。休眠期為七至九月，期間完全無需給水。

砂蘚

紫萼蘚科／苔蘚植物

〔分布〕
北半球

〔花果期〕
【花】—
【果】—

〔日照〕
半日照生長

特性與植栽重點
喜歡日照充足、排水良好的環境。搭配石塊尤其好看，給人沉穩、大方的印象。耐寒、耐熱，生命力強。

保養與維護
須留意避免內部悶熱，土壤應保持些微的乾燥。不可在白天給水，給水時將水灑在土表即可。

大灰蘚

灰蘚科／苔蘚植物

〔分布〕
日本
東亞～東南亞

〔花果期〕
【花】—
【果】—

〔日照〕
半日照生長

特性與植栽重點
喜歡空氣濕度較高的半日照環境。用於提升中庭的完成度時效果極佳。陽光直射時候的給水量較難管控，須特別留意內部悶熱。

保養與維護
其他植栽的落葉若堆積太多，容易造成大灰蘚枯萎。清掃落葉時需選用較柔軟的掃帚，以免剝落根部較淺的苔蘚地被。

山野草

特指原生於山野的野生花草，具有展現日本濕潤多變的氣候環境，以及園藝植物和觀葉植物所缺乏的自然山川風景情趣等特性。山野草的種類繁多，透過巧妙搭配組合即能表現出自然之美，為原本平淡無奇的葉片注入清朗的表情，彷彿正召喚著徐徐的涼風，也為原本乏人問津的小花小草賦予了新的生命，讓人感受到山野的富饒繁盛。當中亦不乏一些彌足珍貴的稀有品種。

側金盞花

毛茛科 / 多年生草本

〔分布〕
北海道・本州・四國・九州（西日本較少見）

〔花果期〕
【花】3~4月
【果】5月下旬

〔日照〕
半日照生長（花期前後需日照）

特性與植栽重點

繁殖期較其他植栽稍早，春初便會開金黃色的花朵。當其他植栽正以茂盛葉片和綻開的花朵爭奇鬥艷的五月下旬，側金盞花卻已結出了果實，準備進入休眠期。花期前後相對需要充足的日照，葉片逐漸枯萎後的休眠期則最好能處在半日照的環境。建議種在夏秋兩季樹蔭較多的落葉樹下。

保養與維護

由於原生於山地，須特別留意避免夏日的高溫。入夏前不妨為其搭建遮陽棚。

日本落新婦

虎耳草科 / 多年生草本

〔分布〕
本州（中部以西）
四國・九州

〔花果期〕
【花】5～6月
【果】—

〔日照〕
半日照生長

特性與植栽重點
原生於河谷邊岩坡上的植物，故適合種在空氣流通、排水良好的環境。半日照即可正常生長，但多點日照也不影響。

保養與維護
只要充分給水，並不算難種。缺水容易造成葉片損傷。

矮桃

報春花科 / 多年生草本

〔分布〕
北海道・本州
四國・九州

〔花果期〕
【花】6～8月
【果】—

〔日照〕
適合在光線明亮但無日照、且濕氣較重的環境生長

特性與植栽重點
應避免種在陽光直射的位置。扎根和繁殖力旺盛，不適合種在需與其他植栽進行生存競爭的環境。

保養與維護
性喜潮濕的土壤，故表土乾燥時須充分給水。

豬牙花

百合科 / 多年生草本

〔分布〕
北海道・本州
四國・九州

〔花果期〕
【花】4～5月
【果】—

〔日照〕
適合冬季至春天全日照，夏季至秋天無日照的環境

特性與植栽重點
耐寒不耐熱。適合種在夏秋兩季陰涼的落葉樹下，或夏天溫度變化小又空氣流通的北向環境。

保養與維護
須留意水分過多的狀態。施肥時，冬天至花期間需使用液體肥料，花期過後改用放置型的固體肥料。

紫玉簪

百合科 / 多年生草本

〔分布〕
北海道・本州
四國・九州

〔花果期〕
【花】7～8月
【果】—

〔日照〕
無日照～半日照生長

特性與植栽重點
偏好濕氣較重的無日照至半日照環境，適合種在樹下或景石、假山之間。只要選對環境，是非常容易栽植的品種，水分充足時會不斷繁衍。

保養與維護
需充分給水。株體過大時，可在三至九月間進行分株。

花蓼

蓼科 / 多年生草本

〔分布〕
本州・四國
九州・沖繩

〔花果期〕
【花】8～10月
【果】9～11月

〔日照〕
全日照生長

特性與植栽重點
原生於濕地的植物，適合種在水氣較重的環境。花期需要日照，栽種的位置最好上午有陽光，下午沒陽光。

保養與維護
須留意給水，經常保持土表濕潤。

日本百合

百合科 / 常綠高木

〔分布〕
本州（中部以西）
四國・九州

〔花果期〕
【花】6~7月
【果】—

〔日照〕
半日照生長（春初則以全日照為佳）

特性與植栽重點
偏好稍微貧瘠、排水良好的酸性土壤。種在夏季半日照，春天陽光充足的位置，譬如落葉樹下，很容易開花。

保養與維護
整年皆須維持適度的濕潤。為確保陽光充足，休眠期間需徹底清除週邊的雜草。

多葉蚊子草

薔薇科 / 多年生草本

〔分布〕
本州（關東北部・長野縣・山梨縣）

〔花果期〕
【花】7~8月
【果】—

〔日照〕
半日照～全日照生長

特性與植栽重點
秋季是最合適的移植時間（較冷的地方則以春天為宜）。移植時須施予緩效性肥料。種在庭院則需一〇至二〇公分的土壤深度，較容易開花結果。

保養與維護
表土乾燥時須充分給水。葉片可能被蝗蟲啃食，須留意蝗蟲出沒。

日本白絲草

黑藥花科 / 多年生草本

〔分布〕
本州（秋田縣以南）
四國・九州

〔花果期〕
【花】5~6月
【果】—

〔日照〕
半日照生長

特性與植栽重點
須種在夏季陰涼的位置，四周不妨栽種偏好同樣環境的其他植栽，可避免土壤乾燥。

保養與維護
須留意避免土壤乾燥。乾旱時應立即補給足量的水分。

日本菟葵

毛茛科 / 多年生草本

〔分布〕
本州（關西以西）

〔花果期〕
【花】2~3月
【果】—

〔日照〕
春初至整個花期全日照，花期過後半日照

特性與植栽重點
基本上是一種不耐熱、怕夏天的植物，但相對的非常耐寒，降霜時鮮少枯萎。入冬後最好能照得到太陽。

保養與維護
須充分給水，但須留意不可過度潮濕，休眠期間無需給水。

五葉黃連

毛茛科 / 多年生草本

〔分布〕
本州（福島縣以西）

〔花果期〕
【花】2~3月
【果】—

〔日照〕
半日照生長

特性與植栽重點
線狀的地下莖向四周延伸到足夠的範圍才會萌生葉片，故須等到完全適應新環境後才會開始繁衍。偏好冬季無霜無風又日照充足的環境。

保養與維護
屬於喜愛濕潤的品種，但濕度過高可能造成根部腐爛，故僅需在土壤乾燥時給水。

紫斑風鈴草

桔梗科 / 多年生草本

〔分布〕
北海道（西南部）
本州・四國・九州

〔花果期〕
【花】5~6月
【果】—

〔日照〕
半日照～全日照生長

特性與植栽重點
具地下莖且容易增生，會長高。種在日照充足的環境較易生長，若種在落葉樹下，最好選種在容易照得到陽光的位置。

保養與維護
需充分給水。休眠期間須節制給水次數，讓土壤維持些許乾燥。

破傘菊

菊科 / 多年生草本

〔分布〕
本州・四國・九州

〔花果期〕
【花】7~10月
【果】8~11月

〔日照〕
半日照生長

特性與植栽重點
葉片掌狀深裂為其特徵。原生於山林地的林床上，故偏好較為陰暗的環境。最好的栽種地點是有樹蔭的落葉樹根部附近。

保養與維護
需盡量避免高溫和乾旱，夏天須頻繁給水，或者為其搭建遮陽棚。

球序韭

百合科 / 多年生草本

〔分布〕
本州（栃木縣以西）
四國・九州

〔花果期〕
【花】9~10月
【果】—

〔日照〕
光線明亮的環境

特性與植栽重點
適合種在日照充足且空氣流通的位置。氣味較薤（蕗蕎）和韭菜要淡。冬季地面上的部位會全部枯萎，栽種前應將此特性列入考量。

保養與維護
耐旱，表土乾燥時才需給水。會自行散播種子繁殖，繁殖過度時需進行疏剪。

全緣燈台蓮

天南星科 / 多年生草本

〔分布〕
本州（靜岡縣・奈良縣・三重縣）・四國

〔花果期〕
【花】3~4月
【果】—

〔日照〕
半日照生長

特性與植栽重點
能耐寒冬，但不耐夏暑和長時間的陽光直射，故最好種在半日照且排水良好的土壤環境。移植時間以十月為佳。

保養與維護
需充分給水。尤其在葉片枯萎後的休眠期間，最好也能持續給水，避免土壤乾燥。

水金鳳

鳳仙花科 / 一年生草本

〔分布〕
北海道・本州
四國・九州

〔花果期〕
【花】6~8月
【果】—

〔日照〕
半日照生長

特性與植栽重點
適合種在樹下或濕氣較重的半日照環境。因屬一年生草本植物，採種種植也會發芽長大（播種後應避免土壤乾燥）。

保養與維護
須充分給水，但須留意避免水分過多。採種種植時須留意土壤乾燥，繁殖期則需施予固體肥料。

〔編輯支援〕
+plants（Addplants Corporation）
滋賀縣大津市大石龍門4-2-1 壽長生之郷內
Tel 075-708-8587

Garden和光
兵庫縣寶塚市長尾町16-2
http://www.garden-wako.co.jp/

古川庭樹園
大阪府南河內郡河南町馬谷2
http://www.teijuen.com/

【攝影】
井上　玄（p.A-07 薯豆）
上田　宏（p.A-10 枹櫟、p.A-11 山槭）
表　恒匡（p.A-14 斐濟果）
杉野圭建築寫真事務所
（p.A-08 銳葉新木姜子、p.A-12 油橄欖、p.A-13 肥前衛矛、p.A-15 木繡球、p.A-40 大灰蘚）
關根　史（p.A-07 具柄冬青）
三井不動產（p.A-17 青木）
Garden / amanaimages（p.A-28 梅花杜鵑）

Index.

索引

白花劍蘭・白花唐菖蒲 …… 36
白葉釣樟 …… 15
全緣燈台蓮 …… 44
地中海莢蒾 …… 19
多葉蚊子草 …… 43
多鬚草 …… 31
尖葉杜鵑 …… 27
灰葉蕕 …… 36
百子蓮 …… 30
羽絨狼尾草 …… 39
老鼠簕 …… 31
西南木荷 …… 07
杜英 …… 08
赤松 …… 06
具柄冬青 …… 07
岩沙參 …… 35
東方聖誕玫瑰・大齋期玫瑰 …… 31
枝垂櫻 …… 24
河百合 …… 40
油杜鵑 …… 27
油橄欖 …… 12
波緣山礬 …… 13
肥前衛矛 …… 13
花韭 …… 40
花蓼 …… 42
長莖百里香 …… 32
青木 …… 17
青莢葉 …… 22
亮葉紫菀 …… 32
垂絲衛矛 …… 15
春一番杜鵑 …… 29
枹櫟 …… 10
砂蘚 …… 40
秋火柳葉栒子 …… 35
秋牡丹 …… 37
十月櫻・大葉早櫻 …… A-25
三色景天 …… 38
丸葉車輪梅 …… 18
久留米杜鵑（蝶舞杜鵑） …… 26
大灰蘚 …… 40
大阪冬櫻 …… 25
大柄冬青 …… 08
大紅杜鵑 …… 26
大繡球花 …… 22
小羽團扇楓 …… 10
山巫�木 …… 22
山桑子 …… 19
山槭 …… 11
山龍眼 …… 08
山礬 …… 13
山櫻花 …… 25
五葉杜鵑 …… 28
五葉黃連 …… 43
日本小葉梣 …… 09
日本白絲草 …… 43
日本吊鐘花 …… 27
日本百合 …… 43
日本厚朴 …… 10
日本莢蒾 …… 16
日本菟葵 …… 43
日本落新婦 …… 42
木繡球 …… 15
水金鳳 …… 44
水榆花楸 …… 09
加拿大唐棣 …… 15
四照花 …… 11
本石楠花 …… 27
本霧島杜鵑 …… 27
白水木 …… 14
白芨 …… 37

Trees. | Lower Trees.
Bushes. | Sakura and Azalea.
Flowers and Undergrowth.
Wild Grass.

紫錐花 …… 35
結香 …… 23
鈍葉杜鵑 …… 29
雄黃蘭 …… 36
黃水枝 …… 33
黃花風鈴木 …… 10
黃花萱草 …… 38
溝葉結縷草 …… 35
矮桃 …… 42
腺齒越桔 …… 21
榕葉毛莨 …… 38
銅鍾玉帶草 …… 39
槭葉草 …… 39
歐丁香 …… 23
歐洲杜鵑 …… 28
細梔花 …… 14
蒲草 …… 17
豬牙花 …… 42
輪葉金雞菊 …… 36
鋭葉新木姜子 …… 08
錦繡杜鵑 …… 26
鴛鴦茉莉 …… 19
薯豆 …… 07
闊葉山麥冬 …… 34
薩摩山梅花・梅花空木 …… 21
藍莓 …… 22
藍喬治地被婆婆納 …… 35
雞爪槭 …… 10
雞麻 …… 21
瀨戸白山茶花 …… 18
寶鐸草 …… 34
鷲神樂 …… 14
顯脈紅花荷・小脈紅花荷 …… 14
顯脈茵芋 …… 19
鷺蘭 …… 36
紅蓋鱗毛蕨 …… 34
美國鼠刺 …… 20
香爪鳶尾花 …… 31
香桃木 …… 17
栓皮櫟 …… 09
烏藥 …… 18
狹葉黃精 …… 33
琉球莢蒾 …… 17
破傘菊 …… 44
笑靨花 …… 21
粉花繡線菊・日本繡線菊花 …… 21
粉黛亂子草 …… 39
草莓樹 …… 17
隼人三葉杜鵑 …… 29
高山玫瑰杜鵑 …… 26
側金盞花 …… 41
堀內寒笑杜鵑 …… 26
常綠淫羊藿 …… 32
桫欏 …… 14
梅花杜鵑 …… 28
深山梣 …… 11
球序韭 …… 44
疏花鵝耳櫪 …… 08
粗莖鱗毛蕨 …… 35
細莖針茅 …… 39
細葉紫唇花 …… 31
野櫻莓 …… 19
壺花莢蒾 …… 20
奧多摩小紫陽花 …… 20
斐濟果 …… 14
紫玉簪 …… 42
紫荊 …… 22
紫斑風鈴草 …… 44
紫葉蔓荊 …… 23
紫燈花・西伯利亞綿棗兒 …… 40

後序

No Green, No Life.

生活永遠少不了綠意。
完成了這本書，這個結論再度在我腦海中迴盪。

我之所以會生起為荻野先生出書的念頭，大約肇始於四年前。我清楚記得第一次聽到他說，「庭園造景就是讓街區回歸森林的作業工程」時，當下心裡掀起的那股恨不得立刻放下手邊的工作，參與造園的衝動。那怕是再小的空間、再小的土地，荻野先生總能透過植樹、種花、鋪石，在人們腳下的泥土地上安排苔蘚類、草類植物——打造出一座小小的森林。儘管所佔的面積就那麼小小一片，一旦點連成了線，線連成了面，我們的城市便成了一大片的森林。隨著時間的過去，這樣的想像在我的腦海中日漸鮮明，我有心為現今日本一成不變而又了無生趣的街景增添綠意的心願，也就隨之變得更加堅定了。而這份心願所初步達成的，便是這本《日本造園大師才懂的，好房子景觀設計85法則》了。

在這四年裡，除了荻野先生，我也慶幸自己有機會直接接觸到一些經常與荻野先生合作的建築師和工程公司的朋友們。在接觸的過程中，我發現他們有個共同的想法，就是他們再也無法忍受去設計或建造一間沒有綠意的住屋了。這個想法，彷彿群眾正在搖旗吶喊抗議著：

No Green, No House！（笑）

我猜想這些荻野先生的同業，應該不只是被綠色自然的力量所吸引，更是因為被荻野先生對於造園工程的熱情所深深感動。

「這裡要是能種幾棵樹，你不覺得更棒嗎？」
「這裡可以種幾株和視線等高的開花植物。」
「要把家裡的綠意分享給左右鄰居！」

荻野先生設計的庭園最大的特色就是從不拐彎抹角，任誰都能立即感受到「大自然的療癒」或者「綠蔭的好」。荻野先生讓我認識到，住屋的庭園並不是為了表現個人的生活品味或興趣嗜好，而是一種不動聲色的修身養性，為生活提供心靈的療癒，以及對於人與自然的無限關懷。

我們特別將荻野先生的關懷「菜單」分成了「八十五個法則」，就像是85道菜一般，好讓讀者可以不必從頭讀起，不論翻到哪一道菜都能有所收穫。同時也欣願每一位讀者，都能夠從中發掘出自己願意且做得到的部分，並且親身去嘗試和體驗。

木藤阿由子

但願有一天
美麗的綠色庭園
在日本各地萌芽
住屋與住屋之間形成連續的綠
不論在家或走在街上
每一個人都認為綠色療癒的生活是理所當然的

日本造園大師才懂的

好房子景觀設計85法則（暢銷好評版）

作者　荻野壽也
譯者　桑田 德
封面設計　白日設計
排版　詹淑娟
執行編輯　劉佳旻
責任編輯　詹雅蘭

行銷企劃　王綬晨、邱紹溢、蔡佳妘
總編輯　葛雅茜
發行人　蘇拾平
出版　原點出版 Uni-Books
Email　uni-books@andbooks.com.tw
電話：（02）2718-2001　傳真：（02）2718-1258
發行　大雁文化事業股份有限公司
台北市松山區復興北路333號11樓之4
www.andbooks.com.tw
24小時傳真服務（02）2718-1258
讀者服務信箱 Email: andbooks@andbooks.com.tw
劃撥帳號：19983379
戶名：大雁文化事業股份有限公司

初版一刷　2018年03月
二版一刷　2023年04月
定價　620元
ISBN　978-626-7084-91-5

國家圖書館出版品預行編目 (CIP) 資料
日本造園大師才懂的，好房子景觀設計85 法則（暢銷好評版）/ 荻野壽也著．桑田 德 譯 -- 二版．-- 臺北市：原點出版：大雁文化發行，2023.04
200 面；19X26 公分
ISBN 978-626-7084-91-5(平裝)

1.CST：庭園設計　2.CST：造園設計

435.72　　112004436